Robot Sensor and Multi-sensor Information Fusion Technology

机器人传感器
及其信息融合技术

郭彤颖 张 辉 主编

化学工业出版社

·北京·

本书详细介绍了机器人传感器的基础知识和工作原理，以及多传感器信息融合技术的应用实例。全书共分 10 章，主要内容有传感器的定义与分类、基本组成，机器人的系统组成，机器人常用的传感器，智能传感器技术及应用，多传感器信息融合技术的定义、分类，多传感器信息定量和定性融合的方法，最后介绍了多传感器信息融合技术在装配机器人、焊接机器人、移动机器人导航、测距和避障中的应用实例。

本书既可作为从事机器人学研究、开发和应用，以及正在学习机器人传感器相关技术的工程师和技术人员的参考书或培训教材，也可以作为高等院校自动控制、电子工程、机械工程、机电一体化、计算机应用等相关专业的高年级本科生或研究生的教材。

图书在版编目（CIP）数据

机器人传感器及其信息融合技术/郭彤颖，张辉主编 .
北京：化学工业出版社，2016.12（2024.8重印）
ISBN 978-7-122-28365-8

Ⅰ.①机⋯　Ⅱ.①郭⋯　②张⋯　Ⅲ.①机器人-传感器-
信息融合　Ⅳ.①TP242

中国版本图书馆 CIP 数据核字（2016）第 252796 号

责任编辑：韩亚南　曾　越　　　　　　　　　　文字编辑：陈　喆
责任校对：宋　夏　　　　　　　　　　　　　　装帧设计：王晓宇

出版发行：化学工业出版社（北京市东城区青年湖南街 13 号　邮政编码 100011）
印　　装：北京盛通数码印刷有限公司
787mm×1092mm　1/16　印张 10¾　字数 251 千字　2024 年 8 月北京第 1 版第 14 次印刷

购书咨询：010-64518888　　　　　　售后服务：010-64518899
网　　址：http://www.cip.com.cn
凡购买本书，如有缺损质量问题，本社销售中心负责调换。

定　　价：49.00 元

前 言
PREFACE

　　传感器技术是现代科技的前沿技术，发展迅猛，它同计算机技术、通信技术一起被称为信息技术的三大支柱。机器人使用的传感器作为机器人信息获取的源头，技术也日趋成熟完善，这在一定程度上推动着机器人技术的发展。我们不得不承认，即使是目前世界上智能程度最高的机器人，它对外部环境变化的适应能力也非常有限，还远远没有达到人们预想的目标。为了解决这一问题，机器人研究领域的学者们一方面研究······自身内部传感器，研究多信息处理系统，使其具有更高的性能指标和更广的应用范围；另一方面，研究多传感器信息融合技术，为机器人的决策提供更准确、更全面的环境信息。

　　机器人传感器及其信息融合技术的研究涉及人工智能、电子、机械、控制、计算机、信号处理等诸多理论和技术，是一个国家高科技水平和工业自动化程度的重要体现。本书旨在为机械、电子、计算机、控制工程师和工程技术专家们，以及研究生或高年级本科生提供必备的知识。在内容编排方面，注重理论与工程实际的结合、基础知识与现代技术的结合，内容丰富，反映了机器人传感器的基础知识以及与其相关的先进理论和技术。

　　本书共分 10 章，第 1 章主要讲解传感器的基础知识，包括传感器的定义与特点、组成与分类、机器人与传感器、传感器及其技术的发展趋势、多传感器信息融合的应用领域；第 2 章介绍机器人系统组成，以及各组成部分的功能和特点；第 3 章从机器人内部传感器和外部传感器两个方面介绍了机器人常用传感器的种类和工作原理；第 4 章介绍智能传感器的定义、构成、关键技术、功能与特点，以及无线传感网络和模糊传感器技术及其应用实例；第 5 章介绍多传感器信息融合的定义、分类和系统结构；第 6 章介绍多传感器定量信息融合的常用方法，包括传感数据的一致性检验和基于参数估计的信息融合方法；第 7 章介绍多传感器定性信息融合的常用方法，包括 Bayes 方法、Dempster-Shafer 证据推理、模糊理论、神经网络法、粗糙集理论的原理及其应用；第 8 章列举了多传感器在装配机器人中的应用实例，介绍了装配机器人多传感器系统的组成及其功能；第 9 章列举了多传感器在焊接机器人中的应用实例，介绍了焊接机器人利用超声传感器和视觉传感器进行焊缝跟踪的原理；第 10 章列举了多传感器在移动机器人导航、测距和避障中的应用实例。

　　本书由郭彤颖进行整体策划与统稿，由郭彤颖和张辉主编，其中第 1 章由郭彤颖、何嘉宁编写，第 2、3 章由郭彤颖、王海忱编写，第 4 章由张辉、任丹编写，第 5 章由郭彤颖、刘剑编写，第 6 章由许崇、陈露编写，第 7 章由王长涛、宫巍、陈露编写，第 8 章由郭彤颖、刘冬莉编写，第 9 章由郭彤颖、刘淑娟、赵岚光编写，第 10 章由郭彤颖、冯群、刘伟编写。

本书的编写参考了国内外学者的相关论著和资料，在此一并表示衷心的谢意。

由于机器人技术的发展日新月异，再加上时间仓促、水平有限，本书难以全面、详细地对机器人传感器技术的研究前沿和热点问题一一进行探讨。书中存在不足之处，敬请读者批评指正。

编　者

目 录
CONTENTS

第1章　传感器的基础知识

第2章　机器人系统组成

第3章　机器人常用的传感器

第4章　智能传感器

第5章　多传感器信息融合技术概述

第6章　多传感器的定量信息融合

第7章 多传感器的定性信息融合

第8章 多传感器在装配机器人中的应用

第9章 多传感器在焊接机器人中的应用

第10章 多传感器信息融合在移动机器人中的应用

参考文献

第1章

传感器的基础知识

1.1 传感器的定义和特点

传感器是能感知外界信息并能按一定规律将这些信息转换成与之对应的有用输出信号的元器件或装置。简单地说，传感器是将外界信号转换成电信号的装置。具体地说，传感器是一种检测装置，能够感受诸如位移、速度、力、温度、湿度、流量、光、化学成分等非电量，并能把它们按照一定的规律转换为电压、电流等电量，或转换成电路的通断，以满足信息的传输、处理、存储、显示、记录和控制等要求。它是实现自动检测和自动控制的首要环节。

传感器的特点表现在知识密集程度高，涉及多学科知识；技术复杂，工艺要求高；功能优，性能好；品种繁多，应用广泛。

1.2 传感器的组成和分类

（1）传感器的组成

传感器一般由敏感元件、转换元件、测量电路、辅助电路等组成，如图 1-1 所示。其中敏感元件和转换元件可能合二为一，而有的传感器不需要辅助电源。

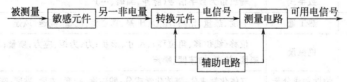

图 1-1 传感器组成框图

① 敏感元件 能直接感受与检测被测对象的非电量并按一定规律转换成与被测量有确定关系的其他量的元件。

② 转换元件 又称变换器，能将敏感元件感受到的与被测量成确定关系的非电量转换成电量的器件。

③ 测量电路 把转换元件输出的电信号变换成为便于记录、显示、处理和控制的有用电信号的电路，又称"信号调理电路"。常用的电路有电桥、放大器、振荡器、阻抗变

换器、脉冲调宽电路等。

④ 辅助电路　通常包括电源等。

（2）传感器的分类

传感器的种类很多，原理各异，检测对象门类繁多，因此其分类方法也有许多种。人们通常根据需要，从不同的角度，为突出某一方面进行分类。下面介绍几种常用的分类，如表1-1所示。

表1-1　传感器的分类及其说明

分类法	类型	说　明
按构成原理分类	结构型	以转换元件结构参数变化实现信号转换的传感器,如应变式压力传感器、电容式压力传感器
	物性型	以转换元件物理特性变化实现信号转换的传感器,如压电式压力传感器、光电式传感器
按能量关系分类	能量转换型	传感器输出量直接由被测量能量转换而来;在信号变换过程中,它不需要外电源,如基于压电效应、热电效应等的传感器
	能量控制型	传感器输出量能量由外部能源提供,但受输入量控制;在信号变换过程中,其能量需要外电源供给。如电阻式、电感式、电容式等电路参量式传感器,以及基于应变电阻效应、磁阻效应、热阻效应、霍尔效应等的传感器
按基本效应分类	物理型	采用物理效应进行转换:如力、热、光、电、磁、声、气、速度、流量等效应
	化学型	采用化学效应进行转换:如化学吸附、电化学反应等效应
	生物型	采用生物效应进行转换:基于酶、抗体和激素等分子识别功能
按工作原理分类	电阻式	利用电阻参数变化实现信号转换
	电容式	利用电容参数变化实现信号转换
	电感式	利用电感参数变化实现信号转换
	压电式	利用压电效应实现信号转换
	磁电式	利用电磁感应原理实现信号转换
	热电式	利用热电效应实现信号转换
	光电式	利用光电效应实现信号转换
	光纤式	利用光纤特性参数变化实现信号转换
按输出量分类	模拟式	输出量为模拟信号(电压、电流、…)
	数字式	输出量为数字信号(脉冲、编码、…)
按被测量类别分类	热工量	温度、热量、比热;压力、压差、真空度;流量、流速、风速
	机械量	位移(线位移、角位移)、尺寸、形状;力、力矩、应力;质量;转速、线速度;振动幅度、频率、加速度、噪声
	物性和成分量	气体化学成分、液体化学成分;酸碱度、盐度、浓度、黏度;密度、相对密度
	状态量	颜色、透明度、磨损量、材料内部裂缝或缺陷、气体泄漏、表面质量

此外，按传感器用途分，可以分为位置、力、液面、能耗、速度、温度、流量、加速度、角度、距离、气敏、味敏、色敏、真空度、生物等传感器。按新型传感器分类，可以分为激光传感器、红外传感器、智能传感器、微传感器、网络传感器、超声波传感器、生物传感器等。

下面举例说明几种传感器的工作原理及其应用。

（1）物理传感器

物理传感器是检测物理量的传感器。它是利用某些物理效应，把被测量的物理量转化成为便于处理的能量形式的信号的装置。其输出的信号和输入的信号有确定的关系。主要的物理传感器有光电式传感器、压电传感器、压阻式传感器、电磁式传感器、热电式传感器、光导纤维传感器等。

以光电式传感器为例，介绍一下它的工作原理。这种传感器把光信号转换成为电信号，它直接检测来自物体的辐射信息，也可以转换其他物理量成为光信号。其主要的原理是光电效应：当光照射到物质上的时候，物质上的电效应发生改变，这里的电效应包括电子发射、电导率和电位电流等。

显然，能够容易产生这样效应的器件成为光电式传感器的主要部件，例如光敏电阻。光电传感器的主要工作流程就是接受相应的光的照射，通过类似光敏电阻这样的器件把光能转化成为电能，然后通过放大和去噪声的处理，就得到了所需要的输出的电信号。这里的输出电信号和原始的光信号有一定的关系，通常是接近线性的关系，这样计算原始的光信号就不是很复杂了。其他的物理传感器的原理都可以类比于光电式传感器。

物理传感器的应用范围是非常广泛的。

例如，呼吸测量是临床诊断肺功能的重要依据，在外科手术和病人监护中都是必不可少的。例如在使用用于测量呼吸频率的热敏电阻式传感器时，把传感器的电阻安装在一个夹子前端的外侧，把夹子夹在鼻翼上，当呼吸气流从热敏电阻表面流过时，就可以通过热敏电阻来测量呼吸的频率以及热气的状态。

再如最常见的体表温度测量过程，虽然看起来很容易，却有着复杂的测量机理。体表温度是由局部的血流量、下层组织的导热情况和表皮的散热情况等多种因素决定的，因此测量皮肤温度要考虑到多方面的影响。热电偶式传感器被较多地应用到温度的测量中，通常有杆状热电偶传感器和薄膜热电偶传感器。

因热电偶的尺寸非常小，精度比较高的可做到微米的级别，所以能够比较精确地测量出某一点处的温度，加上后期的分析统计，能够得出比较全面的分析结果。这是传统的水银温度计所不能比拟的，也展示了应用新的技术给科学发展带来的广阔前景。

从以上的介绍可以看出，仅仅在生物医学方面，物理传感器就有着多种多样的应用。传感器测量作为数据获得的重要手段，是工业生产乃至家庭生活所必不可少的器件，而物理传感器又是最普通的传感器，灵活运用物理传感器必然能够创造出更多的产品，更好的效益。

（2）光纤传感器

近年来，传感器在朝着灵敏、精确、适应性强、小巧和智能化的方向发展。在这一过程中，光纤传感器这个传感器家族的新成员备受青睐。光纤具有很多优异的性能，例如：抗电磁干扰和原子辐射的性能，径细、质软、重量轻的力学性能，绝缘、无感应的电气性能，耐水、耐高温、耐腐蚀的化学性能等，它能够在人达不到的地方（如高温区），或者对人有害的地区（如核辐射区），起到人的耳目的作用，而且还能超越人的生理界限，接收人的感官所感受不到的外界信息。

光纤传感器是最近几年出现的新技术，可以用来测量多种物理量，例如声场、电场、压力、温度、角速度、加速度等，还可以完成现有测量技术难以完成的测量任务。在狭小的空间里，在强电磁干扰和高电压的环境里，光纤传感器都显示出了独特的能力。目前光纤传感器已经有 70 多种，大致上分成光纤自身传感器和利用光纤的传感器。

所谓光纤自身的传感器，就是光纤自身直接接收外界的被测量。外接的被测量物理量能够引起测量臂的长度、折射率、直径的变化，从而使得光纤内传输的光在振幅、相位、频率、偏振等方面发生变化。测量臂传输的光与参考臂的参考光互相干涉（比较），使输出的光的相位发生变化，根据这个变化就可检测出被测量的变化。光纤中传输的相位受外界影响的灵敏度很高，利用干涉技术能够检测出 10^{-4} 弧度的微小相位变化所对应的物理量。利用光纤的绕性和低损耗，能够将很长的光纤盘成直径很小的光纤圈，以增加利用长度，获得更高的灵敏度。

光纤声传感器就是一种利用光纤自身的传感器。当光纤受到一点很微小的外力作用时，就会产生微弯曲，而其传光能力发生很大的变化。声音是一种机械波，它对光纤的作用就是使光纤受力并产生弯曲，通过弯曲就能够得到声音的强弱。光纤陀螺也是光纤自身传感器的一种，与激光陀螺相比，光纤陀螺灵敏度高、体积小、成本低，可以用于飞机、舰船、导弹等的高性能惯性导航系统。

另外一个大类的光纤传感器是利用光纤的传感器。其结构大致如下：传感器位于光纤端部，光纤只是光的传输线，将被测量的物理量变换成为光的振幅、相位或者振幅的变化。在这种传感器系统中，传统的传感器和光纤相结合。光纤的导入使得实现探针化的遥测提供了可能性。这种光纤传输的传感器适用范围广，使用简便，但是精度比第一类传感器稍低。

光纤在传感器家族中是后起之秀，它凭借着光纤的优异性能而得到广泛的应用，是在生产实践中值得注意的一种传感器。

(3) 仿生传感器

仿生传感器是一种采用新的检测原理的新型传感器，它采用固定化的细胞、酶或者其他生物活性物质与换能器相配合组成传感器。这种传感器是近年来生物医学和电子学、工程学相互渗透而发展起来的一种新型的信息技术。这种传感器的特点是机能高、寿命长。仿生传感器按照使用的介质可以分为：酶传感器、微生物传感器、细胞器传感器、组织传感器等。仿生传感器和生物学理论的方方面面都有密切的联系，是生物学理论发展的直接成果。

目前，虽然已经发展成功了许多仿生传感器，但仿生传感器的稳定性、再现性和可批量生产性明显不足，所以仿生传感技术尚处于"幼年期"，因此，以后除继续开发出新系列的仿生传感器和完善现有的系列之外，生物活性膜的固定化技术和仿生传感器的固态化值得进一步研究。

在不久的将来，模拟身体功能的嗅觉、味觉、听觉、触觉仿生传感器将出现，有可能超过人类五官的敏感能力，完善目前机器人的视觉、味觉、触觉和对目的物进行操作的能力。仿生传感器应用的广泛前景，会随着生物技术的进一步发展而逐步实现。

(4) 红外传感器

红外技术发展到现在，已经在现代科技、国防和工农业等领域获得了广泛的应用。红外传感系统是用红外线为介质的测量系统，按照功能可以分成五类：①辐射计，用于辐射和光谱测量；②搜索和跟踪系统，用于搜索和跟踪红外目标，确定其空间位置并对它的运动进行跟踪；③热成像系统，可产生整个目标红外辐射的分布图像；④红外测距和通信系统；⑤混合系统，是指以上各类系统中的两个或者多个的组合。

红外系统的核心是红外探测器，按照探测的机理的不同，可以分为热探测器和光子探测器两大类。下面以热探测器为例子来分析探测器的原理。

热探测器是利用辐射热效应，使探测元件接收到辐射能后引起温度升高，进而使探测器中依赖于温度的性能发生变化。检测其中某一性能的变化，便可探测出辐射。多数情况下是通过热电变化来探测辐射的。当元件接收辐射，引起非电量的物理变化时，可以通过适当的变换后测量相应的电量变化。

(5) 电磁传感器

磁传感器是最古老的传感器，指南针是磁传感器的最早的一种应用。但是作为现代的传感器，为了便于信号处理，需要磁传感器能将磁信号转化成为电信号输出。应用最早的是根据电磁感应原理制造的磁电式的传感器。这种磁电式传感器曾在工业控制领域做出了杰出的贡献，但是到今天已经被以高性能磁敏感材料为主的新型磁传感器所替代。

在今天所用的电磁效应的传感器中，磁旋转传感器是重要的一种。磁旋转传感器主要由半导体磁阻元件、永久磁铁、固定器、外壳等几个部分组成。典型结构是将一对磁阻元件安装在一个永磁体的磁极上，元件的输入输出端子接到固定器上，然后安装在金属盒中，再用工程塑料密封，形成密闭结构，这个结构就具有良好的可靠性。磁旋转传感器有许多半导体磁阻元件无法比拟的优点。除了具备很高的灵敏度和很大的输出信号外，而且有很强的转速检测范围，这是电子技术发展的结果。另外，这种传感器还能够应用在很大的温度范围中，有很长的工作寿命，抗灰尘、水和油污的能力强，因此耐受各种环境条件及外部噪声。所以，这种传感器在工业应用中受到广泛的重视。

磁旋转传感器在工厂自动化系统中有广泛的应用，因为这种传感器有着令人满意的特性，同时不需要维护。其主要应用在机床伺服电机的转动检测、工厂自动化的机器人臂的定位、液压冲程的检测、工厂自动化相关设备的位置检测、旋转编码器的检测单元和各种旋转的检测单元等。

现代的磁旋转传感器主要包括四相传感器和单相传感器。在工作过程中，四相差动旋转传感器用一对检测单元实现差动检测，另一对实现倒差动检测。这样，四相传感器的检测能力是单元件的四倍。而二元件的单相旋转传感器也有自己的优点，也就是小巧可靠的特点，并且输出信号大，能检测低速运动，抗环境影响和抗噪声能力强，成本低。因此单相传感器也将有很好的市场。

磁旋转传感器在家用电器中也有大的应用潜力。在盒式录音机的换向机构中，可用磁阻元件来检测磁带的终点。家用录像机中大多数有变速与高速重放功能，这也可用磁旋转传感器检测主轴速度并进行控制，获得高质量的画面。洗衣机中的电机的正反转和高低速旋转功能都可以通过伺服旋转传感器来实现检测和控制。

这种开关可以感应到进入自己检验区域的金属物体，控制自己内部电路的开或关。开关自己产生磁场，当有金属物体进入到磁场会引起磁场的变化。这种变化通过开关内部电路可以变成电信号。

更加突出的电磁传感器是一门应用很广的高新技术，国内、国外都投入了一定的科研力量在进行研究，这种传感器的应用正在渗透到国民经济、国防建设和人们日常生活的各个领域。

(6) 磁光效应传感器

现代电测技术日趋成熟，由于具有精度高、便于微机相连实现自动实时处理等优点，已经广泛应用在电气量和非电气量的测量中。然而电测法容易受到干扰，在交流测量时，频响不够宽及对耐压、绝缘方面有一定要求，在激光技术迅速发展的今天，已经能够解决上述的问题。

磁光效应传感器就是利用激光技术发展而成的高性能传感器。激光是 20 世纪 60 年代初迅速发展起来的又一新技术，它的出现标志着人们掌握和利用光波的技术进入了一个新的阶段。由于以往普通光源单色度低，故很多重要的应用受到限制，而激光的出现，使无线电技术和光学技术突飞猛进、相互渗透、相互补充。现在，利用激光已经制成了许多传感器，解决了许多以前不能解决的技术难题，使它适用于煤矿、石油、天然气储存等危险、易燃的场所。

例如用激光制成的光导纤维传感器，能测量原油喷射、石油大罐龟裂的情况参数。在实测地点，不必电源供电，这对于安全防爆措施要求很严格的石油化工设备群尤为适用，也可用来在大型钢铁厂的某些环节实现光学方法的遥测化学技术。

磁光效应传感器的原理主要是利用光的偏振状态来实现传感器的功能。当一束偏振光通过介质时，若在光束传播方向存在着一个外磁场，那么光通过偏振面将旋转一个角度，这就是磁光效应。也就是可以通过旋转的角度来测量外加的磁场。在特定的试验装置下，偏转的角度和输出的光强成正比，通过输出光照射激光二极管，就可以获得数字化的光强，用来测量特定的物理量。

自 20 世纪 60 年代末开始，RCLecraw 提出有关磁光效应的研究报告后，磁光效应引起人们的重视。日本、前苏联等国家均开展了研究，国内也有学者进行探索。磁光效应的传感器具有优良的电绝缘性能和抗干扰、频响宽、响应快、安全防爆等特性，因此对一些特殊场合电磁参数的测量，有独特的功效，尤其在电力系统中高压大电流的测量方面更显示它潜在的优势。同时通过开发处理系统的软件和硬件，也可以实现电焊机和机器人控制系统的自动实时测量。在磁光效应传感器的使用中，最重要的是选择磁光介质和激光器，不同的器件在灵敏度、工作范围方面都有不同的能力。随着近几十年来的高性能激光器和新型的磁光介质的出现，磁光效应传感器的性能越来越强，应用也越来越广泛。

磁光效应传感器作为一种特定用途的传感器，能够在特定的环境中发挥自己的功能，也是一种非常重要的工业传感器。

（7）压电传感器

压电传感器是工业实践中最为常用的一种传感器，而人们通常使用的压力传感器主要是利用压电效应制造而成的。

晶体是各向异性的，非晶体是各向同性的。某些晶体介质，当沿着一定方向受到机械力作用发生变形时，就产生了极化效应；当机械力撤掉之后，又会重新回到不带电的状态，也就是受到压力的时候，某些晶体可能产生出电的效应，这就是所谓的极化效应。科学家就是根据这个效应研制出了压电传感器。

压电传感器中主要使用的压电材料包括石英、酒石酸钾钠和磷酸二氢胺。其中石英（二氧化硅）是一种天然晶体，压电效应就是在这种晶体中发现的，在一定的温度范围之内，压电性质一直存在，但温度超过这个范围之后，压电性质完全消失（这个高温就是所谓的"居里点"）。由于随着应力的变化电场变化微小（也就说压电系数比较低），因此石英逐渐被其他的压电晶体所替代。而酒石酸钾钠具有很大的压电灵敏度和压电系数，但是它只能在室温和湿度比较低的环境下才能够应用。磷酸二氢胺属于人造晶体，能够承受高温和相当高的湿度，所以已经得到了广泛的应用。

现在压电效应也应用在多晶体上，比如现在的压电陶瓷，包括钛酸钡压电陶瓷、铌酸盐系压电陶瓷、铌镁酸铅压电陶瓷等。

压电效应是压电传感器的主要工作原理，压电传感器不能用于静态测量，因为经过外力作用后的电荷，只有在回路具有无限大的输入阻抗时才得到保存。实际的情况不是这样的，所以这决定了压电传感器只能够测量动态的应力。

压电传感器主要应用在加速度、压力和力等的测量中。压电式加速度传感器是一种常用的加速度计。它具有结构简单、体积小、重量轻、使用寿命长等优异的特点。压电式加速度传感器在飞机、汽车、船舶、桥梁和建筑的振动和冲击测量中已经得到了广泛的应用，特别是压电传感器的外形使航空和宇航领域中更有它的特殊地位。压电式传感器也可以用来测量发动机内部燃烧压力的测量与真空度的测量，也可以用于军事工业，例如用它来测量枪炮子弹在膛中击发的一瞬间的膛压的变化和炮口的冲击波压力。它既可以用来测量大的压力，也可以用来测量微小的压力。

压电式传感器也广泛应用在生物医学测量中，例如心室导管式微音器就是由压电传感器制成的，因为测量动态压力是如此普遍，所以压电传感器的应用就非常广泛。

除了压电传感器之外，还有利用压阻效应制造出来的压阻传感器，利用应变效应的应变式传感器等，这些不同的压力传感器利用不同的效应和不同的材料，在不同的场合能够发挥它们独特的用途。

1.3　传感器的标定

（1）传感器标定的定义及意义

所谓传感器的标定，就是利用已知的输入量输入传感器，测量传感器相应的输出量，进而得到传感器输入输出特性的过程。一般来说，对传感器进行标定时，必须以国家和地方计量部门的有关检定规程为依据，选择正确的标定条件和适当的仪器设备，按照一定的程序进行。

传感器的标定是设计、制造和使用传感器的一个重要环节。为了保证量值的准确传递，任何传感器在制造、装配完毕后都必须对设计指标进行标定试验。对新研制的传感器，须进行标定试验，才能用标定数据进行量值传递，而标定数据又可作为改进传感器设计的重要依据。传感器在使用、存储一段时间后，也须对其主要技术指标进行复测，称为校准（校准和标定本质上是一样的），以确保其性能指标达到要求。对出现故障的传感器，若经修理还可以继续使用的，修理后也须再次进行标定试验，因为它的某些性能可能发生了变化。因此，传感器的标定对保证传感器的质量，进行正确的量值传递以及改善传感器的性能等都是不可或缺的技术手段。

（2）传感器标定的基本方法

传感器标定的基本方法是，利用标准设备产生已知的非电量（如标准力、压力、位移等）作为输入量，输入待标定的传感器，同时在输出量测量环节将此传感器的输出信号测量并显示出来，然后将传感器的输出量与输入的标准量作比较，可以得到一系列表征两者对应关系的标定数据或曲线，进而得到传感器性能指标的实测结果。有时输入的标准量是利用一标准传感器检测而得，这时的标定实质上是待标定传感器与标准传感器之间的比较。

根据标定时所用的设备，可分为绝对标定法和相对标定法。若被测量是由高精度的设备产生并测量其大小的，则称为绝对标定法。绝对标定法的特点是标定精度较高，但试验过程较复杂。如果被测量是用根据绝对标定法标定好的标准传感器来测量的，则称为相对标定法或比对标定法，其特点是简单易行，但标定精度相对较低。具体的标定工作与传感器原理、结构形式、相关标准、实际应用需求等多方面因素有关。在实际操作时，需要考虑的共性问题是：①传感器系统每个模块的标准特性参数；②标定的可操作性；③标定系统的成本；④标定的人工成本；⑤传感器系统软硬件调整方案和标定数据的整理。

从标定的内容来看，可分为静态标定和动态标定。静态标定的目的是确定传感器的静态指标，主要有线性度、灵敏度、迟滞和重复性等。动态标定的目的是确定传感器的动态指标，主要有时间常数、谐振频率和阻尼比等。有时根据需要也对非测量方向（因素）的灵敏度、温度响应和环境影响等进行标定。静态标定是决定传感器指标的基本方式，传感器的大部分技术参数都是由静态标定的方法取得的，动态标定一般用于对传感器的动态响应特性有要求的场合。

（3）传感器的静态标定

① 静态标定的条件与仪器精度　传感器的静态标定是在静态标准条件下进行的。静态标准条件是指无加速度、振动与冲击（除非这些参数本身就是被测物理量），环境温度一般为（20±5）℃，相对湿度不大于85%，大气压力为（101.32±7.999）kPa。

在静态标定时，须选择与被标定传感器的精度要求相适应的一定等级的标准器具（一般所用的测量仪器和设备的精度至少要比被标定传感器的精度高一个量级），还应符合国家计量量值传递的有关规定，或经计量部门检定合格。这样，通过标定所确定的传感器精度才是可靠的。

② 静态标定的过程步骤　静态标定的过程步骤一般为：a. 将传感器全量程（测量范围）分成若干等间距点；b. 根据传感器量程分点情况，由小到大逐渐一点一点地输入标准量值，并记录与各输入值对应的输出值；c. 将输入值由大到小一点一点地减下来，同时记录与各输入值对应的输出值；d. 按b、c所述过程对传感器进行正、反行程往复循环多次测试（一般为3～10次），将得到的输出输入测试数据用表格列出或绘成曲线；e. 对测试数据进行必要的处理，根据处理结果确定传感器的线性度、灵敏度、迟滞和重复性等静态特性指标。

（4）传感器的动态标定

通过静态标定可以获取传感器的静态模型，并研究、分析其静态特性；若要研究、分析传感器的动态性能指标，就必须要对传感器进行动态标定，在此基础上研究、分析传感器的动态特性，或者首先通过建立传感器动态模型的方法，再针对动态模型研究、分析传感器的动态特性。

传感器的动态特性通常可以从时域和频域两方面来研究和分析。在时域，主要针对传感器在阶跃输入、回零过渡过程和脉冲输入下的瞬态响应分析；而在频域，则主要针对传感器在正弦输入下的稳态响应的幅值增益。

对传感器进行动态标定，除了获取传感器的动态性能指标、传感器的动态模型，还有一个重要的目的，就是当通过动态标定认为传感器的动态性能不满足动态测试需求时，确定一个动态补偿环节模型，以改善传感器的动态性能指标。

传感器的动态标定主要用于检验、测试传感器（或传感器系统）的动态特性，如动态灵敏度、频率响应和固有频率等。对传感器的动态标定，需要对它输入一标准激励信号。而与动态响应有关的参数，对一阶传感器只有一个时间常数 τ；对二阶传感器则有固有频率 ω_n 和阻尼比 ζ 两个参数。

传感器进行动态特性标定常用的标准激励源有两种：

① 周期性函数。如正弦波、三角波等，以正弦波信号为常用。

② 瞬变函数。如阶跃函数、半正弦波等，以阶跃信号为常用。

1.4　机器人与传感器

自从 1959 年世界上诞生第一台机器人以来，机器人技术取得了长足的进步和发展，机器人技术的发展大致经历了以下三个阶段。

① 第一代机器人——示教再现型机器人　它不配备任何传感器，一般采用简单的开关控制、示教再现控制和可编程控制，机器人的作用路径或运动参数都需要示教或编程给定。在工作过程中，它无法感知环境的改变而改善自身的性能、品质。例如，1962 年美国研制成功 PUMA 通用示教再现型机器人，这种机器人通过一个计算机，来控制一个多自由度的一个机械，通过示教存储程序和信息，工作时把信息读取出来，然后发出指令，这样机器人可以重复地根据人当时示教的结果，再现出这种动作。示教再现型机器人对于外界的环境没有感知，这个操作力的大小，这个工件存在不存在，焊接的好与坏，它并不知道。例如汽车的点焊机器人，它只要把这个点焊的过程示教完以后，它总是重复这样一种工作。

② 第二代机器人——感觉型机器人　此种机器人配备了简单的内外部传感器，能感知自身运行的速度、位置、姿态等物理量，并以这些信息的反馈构成闭环控制。在 20 世纪 70 年代后期，人们开始研究第二代机器人，叫感觉型机器人。这种机器人拥有类似人具有的某种功能的感觉，如力觉、触觉、滑觉、视觉、听觉等，它能够通过感觉来感受和识别工件的形状、大小、颜色。机器人自身的工作状态、机器人探测外部工作环境和对象状态等，都需要借助传感器这一重要部件来实现。同时传感器还能够感受规定的被测量，并按照一定的规律转换成可用的输出信号。

③ 第三代机器人——智能型机器人　20 世纪 90 年代以来，人们发明的机器人带有多种传感器，可以进行复杂的逻辑推理、判断及决策，在变化的内部状态与外部环境中，自主决定自身的行为。

可以将传感器的功能与人类的感觉器官相比拟：光敏传感器→视觉；声敏传感器→听觉；气敏传感器→嗅觉；化学传感器→味觉；压敏、温敏、流体传感器→触觉。与常用的传感器相比，人类的感觉能力好得多，但也有一些传感器比人的感觉功能优越，例如人类没有能力感知紫外线或红外线辐射，感觉不到电磁场、无色无味的气体等。

近年来传感器技术得到迅猛发展，同时技术也更为成熟完善，这在一定程度上推动着机器人技术的发展。传感器技术的革新和进步，势必会为机器人行业带来革新和进步。因为机器人很多功能都是依靠传感器来实现的。

为了实现在复杂、动态及不确定性环境下机器人的自主性，或为了检测作业对象及环境或机器人与它们之间的关系，目前各国的科研人员逐渐将视觉、听觉、压觉、热觉、力觉传感器等多种不同功能的传感器合理地组合在一起，形成机器人的感知系统，为机器人提供更为详细的外界环境信息，进而促使机器人对外界环境变化做出实时、准确、灵活的行为响应。

不得不承认，即使是目前世界上智能程度最高的机器人，它对外部环境变化的适应能力也非常有限，还远远没有达到人们预想的目标。为了解决这一问题，机器人研究领域的学者们一方面研发机器人的各种外部传感器，研究多信息处理系统，使其具有更高的性能指标和更广的应用范围；另一方面，研究多传感器信息融合技术，为机器人的决策提供更准确、更全面的环境信息。

1.5 传感器及其技术的发展趋势

（1）开发新型传感器

新型传感器，大致应包括：①采用新原理；②填补传感器空白；③仿生传感器等诸方面。它们之间是互相联系的。传感器的工作机理是基于各种效应和定律，由此启发人们进一步探索具有新效应的敏感功能材料，并以此研制出具有新原理的新型物性型传感器件，这是发展高性能、多功能、低成本和小型化传感器的重要途径。结构型传感器发展得较早，目前日趋成熟。结构型传感器，一般说它的结构复杂，体积偏大，价格偏高。物性型传感器大致与之相反，具有不少诱人的优点，加之过去发展也不够，世界各国都在物性型传感器方面投入大量人力、物力加强研究，从而使它成为一个值得注意的发展动向。其中利用量子力学诸效应研制的低灵敏阈传感器，用来检测微弱的信号，是发展新动向之一。

（2）集成化、多功能化、智能化

传感器集成化包括两种定义，一是同一功能的多元件并列化，即将同一类型的单个传感元件用集成工艺在同一平面上排列，排成线性传感器，CCD图像传感器就属于这种情况。集成化的另一个定义是多功能一体化，即将传感器与放大、运算以及温度补偿等环节一体化，组装成一个器件。

随着集成化技术的发展，各类混合集成和单片集成式压力传感器相继出现，有的已经成为商品。集成化压力传感器有压阻式、电容式等类型，其中压阻式集成化传感器发展快、应用广。

传感器的多功能化也是其发展方向之一。作为多功能化的典型实例，美国某大学传感器研究发展中心研制的单片硅多维力传感器可以同时测量3个线速度、3个离心加速度（角速度）和3个角加速度。主要元件是4个正确设计安装在一个基板上的悬臂梁组成的单片硅结构，9个正确布置在各个悬臂梁上的压阻敏感元件。多功能化不仅可以降低生产成本，减小体积，而且可以有效地提高传感器的稳定性、可靠性等性能指标。

把多个功能不同的传感元件集成在一起，除可同时进行多种参数的测量外，还可对这些参数的测量结果进行综合处理和评价，可反映出被测系统的整体状态。集成化对固态传感器带来了许多新的机会，同时它也是多功能化的基础。

传感器与微处理机相结合，使之不仅具有检测功能，还具有信息处理、逻辑判断、自诊断以及"思维"等人工智能，就称之为传感器的智能化。借助于半导体集成化技术把传感器部分与信号预处理电路、输入输出接口、微处理器等制作在同一块芯片上，即成为大规模集成智能传感器。可以说智能传感器是传感器技术与大规模集成电路技术相结合的产物，它的实现将取决于传感技术与半导体集成化工艺水平的提高与发展。这类传感器具有多功能、高性能、体积小、适宜大批量生产和使用方便等优点，可以肯定地说，是传感器重要的方向之一。

（3）新材料开发

传感器材料是传感器技术的重要基础，是传感器技术升级的重要支撑。随着材料科学的进步，传感器技术日臻成熟，其种类越来越多，除了早期使用的半导体材料、陶瓷材料以外，光导纤维以及超导材料的开发，为传感器的发展提供了物质基础。例如，根据以硅为基体的许多半导体材料易于微型化、集成化、多功能化、智能化，以及半导体光热探测器具有灵敏度高、精度高、非接触性等特点，发展红外传感器、激光传感器、光纤传感器等现代传感器；在敏感材料中，陶瓷材料、有机材料发展很快，可采用不同的配方混合原料，在精密调配化学成分的基础上，经过高精度成型烧结，得到对某一种或某几种气体具有识别功能的敏感材料，用于制成新型气体传感器。此外，高分子有机敏感材料，是近几年人们极为关注的具有应用潜力的新型敏感材料，可制成热敏、光敏、气敏、湿敏、力敏、离子敏和生物敏等传感器。传感器技术的不断发展，也促进了更新型材料的开发，如纳米材料等。由于采用纳米材料制作的传感器，具有庞大的界面，能提供大量的气体通道，而且导通电阻很小，有利于传感器向微型化发展，随着科学技术的不断进步将有更多的新型材料诞生。

（4）新工艺的采用

在发展新型传感器中，离不开新工艺的采用。新工艺的含义范围很广，这里主要指与发展新兴传感器联系特别密切的微细加工技术。该技术又称微机械加工技术，是近年来随着集成电路工艺发展起来的，它是离子束、电子束、分子束、激光束和化学刻蚀等用于微电子加工的技术，目前已越来越多地用于传感器领域，例如溅射、蒸镀、等离子体刻蚀、化学气体淀积、外延、扩散、腐蚀、光刻等。

（5）智能材料

智能材料是指设计和控制材料的物理、化学、机械、电学等参数，研制出生物体材料所具有的特性或者优于生物体材料性能的人造材料。有人认为，具有下述功能的材料可称之为智能材料：具备对环境的判断可自适应功能；具备自诊断功能；具备自修复功能；具备自增强功能（或称时基功能）。

生物体材料的最突出特点是具有时基功能，因此这种传感器特性是微分型的，它对变分部分比较敏感。反之，长期处于某一环境并习惯了此环境，则灵敏度下降。一般说来，它能适应环境调节其灵敏度。除了生物体材料外，最引人注目的智能材料是形状记忆合金、形状记忆陶瓷和形状记忆聚合物。智能材料的探索工作刚刚开始，相信不久的将来会有很大的发展。

（6）多传感器信息融合技术

随着科学技术的发展，传感器性能获得了很大的提高，人们获得信息的能力也有了极大的提高，所获得的信息表现出形式多样性、数量的巨大性、信息之间关系的复杂性。如何实时地对来自不同知识源和多个传感器采集的信息或数据进行综合处理，并做出全面、高效、合理的判断、估计和决策，这一问题的解决已经大大地超出了人脑的综合处理能力。为此，20 世纪 70 年代，产生了一门新的学科——多传感器信息融合（Multisensor Information Fusion）。它最早是在国防领域发展起来的，是为了解决系统中使用多个传感器这一问题而产生的一种信息处理技术。近年来，随着其应用范围的不断扩大，该项技术的发展得到了越来越多国家的重视。

随着多传感器信息融合技术的发展，在军事和民事方面的广泛应用，近年来这项技术发展迅速，今后的发展趋势主要有：①多传感器分布检测研究；②多传感器综合跟踪算法研究；③异类传感器信息融合技术研究；④多层估计的一般理论研究；⑤水下传感器信息融合技术研究；⑥多目标跟踪与航迹关联的联合优化问题；⑦多传感器跟踪中的航迹起始问题；⑧目标识别及其融合技术研究；⑨图像融合技术研究；⑩信息融合系统性能评估技术研究；⑪信息融合中的数据库和知识库技术研究；⑫传感器资源分配和管理技术研究；⑬人工智能技术在信息融合中的应用研究；⑭信息融合系统的工程实现；⑮随机集理论在信息融合中的应用；⑯信息融合系统的性能测试与度量、评估；⑰交叉学科的研究。这些都是未来信息融合技术研究的热点。

1.6 多传感器信息融合的应用领域

多传感器信息融合首先广泛地应用于军事领域，如海上监视、空-空和地-空防御、战场情报、监视和获取目标及战略预警等，随着科学技术的进步，多传感器信息融合至今已形成和发展成为一门信息综合处理的专门技术，并很快推广应用到工业机器人、智能检测、自动控制、交通管理和医疗诊断等多种领域。

具体应用包括海上监视，空-空和地-空防御系统，战略预警和防御，战场情报侦察、监视和目标捕获等领域。近年来，多传感器信息融合技术在民事应用领域也得到了较快的发展，主要用于机器人、智能制造、智能交通、无损检测、环境监测、医疗诊断、遥感、刑侦和保安等领域。下面给出一些多传感器在军事和民事领域应用的例子。

① 海上监视 一个邻海的国家，对领海的防御实际上就是对国家前沿阵地的防御，而每个主权国家都非常重视对领海的防御。海上防御，首先就是海上监视，主要对海上目标进行探测、跟踪和目标识别，以及对海上事件和敌人作战行动进行监视。

海上监视对象包括空中、水面和水下目标，如空中的各类飞机、水面的各种舰船及水下的各类潜艇等。这些平台上可能装有各种类型的传感器，最常见的是潜艇上的声呐、飞机和舰船上的雷达及 γ 射线探测仪等。当然，人们也可从目标的识别结果来判断这些平台所携带的武器和电子装备。

② 空-空和地-空防御 空-空和地-空防御系统是专门对进入所管辖空域的各类目标进行探测跟踪和目标识别的系统。其监视对象主要是进入所管辖领域的各类飞机、反飞机武器和传感器平台等。希望以较高的探测概率发现目标，对所发现的目标进行连续跟踪，不仅能够识别出大、中、小飞机，而且最好能够识别出目标的种类。监视范围大约由几千米到几百千米，所采用的传感器主要有雷达、红外、激光、无线电子支援测量系统和电视等。

③ 战略预警和防御 战略预警和防御的任务是探测和指示即将到来的战略行动迹象，探测和跟踪弹道导弹及弹头。它包括对敌人军事行动的观测，甚至非军事行动的政治活动。防御和监视范围为全球各个角落，所采用的传感器包括卫星、飞机和陆基的各种传感器，主要捕获世界各地的各种核辐射、电磁辐射、火箭的尾焰和再入弹头的热辐射等。

④ 战场情报侦察、监视和目标捕获 战场情报侦察、监视和目标捕获的主要目的是

对战场潜在的地面目标进行探测与识别，力图获得敌方的战斗系列，如敌方平台及机动、发射机特征等，以便掌握敌方的企图和对我方的威胁程度。所采用的传感器包括陆基的各种传感器和飞机，侦察和监视范围在几十到几百平方千米，侦察目标主要是敌人发射的红外线、无线通信信号、定向无线电波和雷达射频（RF）信号等。

⑤ 医疗诊断 对普通病人，医生诊断病情主要是通过接触、看、听、问和病人自述等途径了解病情，而对一些复杂的情况可能就需要多种传感器的信息，如 X 射线图像、核磁共振图像、超声波图像以及生化试验等，对人体的病变、异常和肿瘤等进行定位与识别。医生利用这些结果确定病情，减少或避免误诊。最近有人利用信息融合原理将其开发成软件和专家系统，如美国斯坦福开发的用于诊断血液疾病的 MYCIN 软件。

⑥ 机器人 机器人领域是最早应用多传感器信息融合的领域之一，特别是那些难以由人完成或对人体有害的一些环境和场合，利用工业机器人完成工业监控、水下作业、危险环境工作是最好不过了。还可以利用机器人对三维对象或实体进行识别和定位，所用传感器包括听觉、视觉、电磁和 X 射线等传感器。

⑦ 监控系统 这里所说的监控系统专门指用于监控复杂设备和制造工程的融合系统。一些实际应用系统，如核电站和现代飞机等，都需要超人能力的监视和控制，以保证系统的正常运行。根据多传感器来的多源数据经融合之后所给出的系统运行报告，对系统进行监视，以估计系统的安全情况。目前已开发了很多用于诊断的融合系统，从简单的温度、压力、速度到确定非常复杂的系统中某种物质将要融化的迹象等。

⑧ 遥感 遥感应用主要是对地面目标或实体进行监视、识别与定位。其中包括对自然资源，如水力资源、森林资源和矿产资源等的调查与定位；对自然灾害、原油泄露、核泄露、森林火灾和自然环境变化进行监测等。例如一个农业资源监视系统，不仅可以对农作物进行估产；一个气象卫星上的遥感传感器要全天候地对天气与气候变化进行监视、预测，还要实时获取气象云图。

遥感使用的传感器主要有合成孔径雷达，主要是一些利用多谱传感的图像系统。在利用多源图像进行融合时，要利用像素级配准。最典型的两个例子，如 NASA（美国国家航空航天管理局）使用的用于监视地面情况的地球资源卫星及考查行星和太阳系的宇宙探测器哈勃（Hubble）宇宙望远镜。

⑨ 法律执行 法律执行类似于军事上情报侦察和监视。如对毒品的监控，包括侦察边境地区，识别和定位毒品装运船只和地点，判断运输路线、入关地点等。一只经过训练的狗就是一个生物传感器。目前开发的电子鼻与狗的作用差不多，这实际上也是一个多源信息处理问题。

⑩ 交通管制系统 多传感器信息融合系统的另一个民用领域是广泛应用的空中交通管制系统，即民航系统。通常，它是在一个雷达网的监视、引导和管理下工作的，它包括多雷达系统融合处理的全部内容，通过二次雷达识别各种类型的飞机，确定哪些是民航机，它们的航班号以及飞机状态，并且与一次雷达进行配对。

第2章

机器人系统组成

2.1 机器人系统组成概述

机器人由机械部分、传感部分、控制部分三大部分组成。这三大部分可分为驱动系统、机械结构系统、感知系统、控制系统、人机交互系统、机器人-环境交互系统六个子系统，如图 2-1 所示。如果用人来比喻机器人的组成的话，那么控制系统相当于人的"大脑"，感知系统相当于人的"视觉与感觉器官"，驱动系统相当于人的"肌肉"，机械结构系统相当于人的"身躯和四肢"。整个机器人运动功能的实现，是通过人机交互系统，采用工程的方法控制实现的。

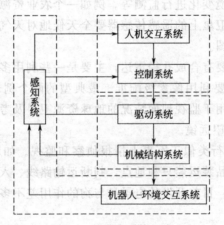

图 2-1　机器人系统组成

2.2 机械结构系统

机器人的机械结构系统由机械构件和传动机构组成。

2.2.1 机械构件

机械构件由机身、手臂、末端执行器三大件组成。每一大件都有若干自由度，构成一个多自由度的机械系统。若基座具备移动机构，则构成移动机器人；若基座不具备移动及

14

腰转机构，则构成单机器人臂。手臂一般由上臂、下臂和手腕组成。末端执行器是直接装在手腕上的一个重要部件，它可以是两手指或多手指的手爪，也可以是焊枪、喷漆枪等作业工具。

移动机器人的移动机构形式主要有车轮式移动机构、履带式移动机构、腿足式移动机构。此外，还有步进式移动机构、蠕动式移动机构、混合式移动机构和蛇行式移动机构等，适合于各种特别的场合。

（1）车轮式移动机构

车轮式移动机构可按车轮数来分类。

① 两轮车　人们把非常简单、便宜的自行车或油轮摩托车用在机器人上的试验很早就进行了。但是人们很容易地就认识到油轮车的速度、倾斜等物理量精度不高，而进行机器人化，所需简单、便宜、可靠性高的传感器也很难获得。此外，两轮车制动时以及低速行走时也极不稳定。图 2-2 是装备有陀螺仪的油轮车。人们在驾驶两轮车时，依靠手的操作和重心的移动才能稳定地行驶，这种陀螺两轮车，把与车体倾斜成比例的力矩作用在轴系上，利用陀螺效应使车体稳定。

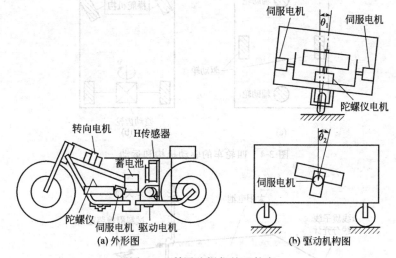

图 2-2　利用陀螺仪的两轮车

② 三轮车　三轮移动机构是车轮型机器人的基本移动机构，其原理如图 2-3 所示。

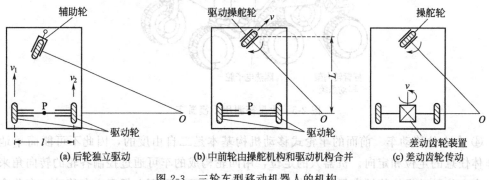

图 2-3　三轮车型移动机器人的机构

图 2-3（a）是后轮用两轮独立驱动，前轮用小脚轮构成的辅助轮组合而成。这种机构的特点是机构组成简单，而且旋转半径可从 0 到无限大，任意设定。但是它的旋转中心是

在连接两驱动轴的连线上，所以旋转半径即使是 0，旋转中心也与车体的中心不一致。

图 2-3（b）中的前轮由操舵机构和驱动机构合并而成。与图 2-2（a）相比，操舵和驱动的驱动器都集中在前轮部分，所以机构复杂，其旋转半径可以从 0 到无限大连续变化。

图 2-3（c）是为避免图 2-2（b）机构的缺点，通过差动齿轮进行驱动的方式。近来不再用差动齿轮，而采用左右轮分别独立驱动的方法。

③ 四轮车　四轮车的驱动机构和运动，基本上与三轮车相同。图 2-4（a）是两轮独立驱动，前后带有辅助轮的方式。与图 2-3（a）相比，当旋转半径为 0 时，由于能绕车体中心旋转，因此有利于在狭窄场所改变方向。图 2-4（b）是汽车方式，适合于高速行走，稳定性好。

根据使用目的，还有使用六轮驱动车和车轮直径不同的轮胎车，也有的提出利用具有柔性机构车辆的方案。图 2-5 是火星探测用的小漫游车的例子，它的轮子可以根据地形上下调整高度，提高其稳定性，适合在火星表面运行。

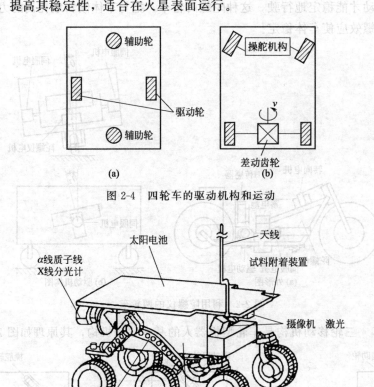

图 2-4　四轮车的驱动机构和运动

图 2-5　火星探测用小漫游车

④ 全方位移动车　前面的车轮式移动机构基本是二自由度的，因此不可能简单地实现车体任意的定位和定向。机器人的定位，用四轮构成的车可通过控制各轮的转向角来实现。全方位移动机构能够在保持机体方位不变的前提下沿平面上任意方向移动。有些全方位车轮机构除具备全方位移动能力外，还可以像普通车辆那样改变机体方位。由于这种机构的灵活操控性能，特别适合于窄小空间（通道）中的移动作业。

图 2-6 是一种全轮偏转式全方位移动机构的传动原理图。行走电机 M_1 从运转时，通过蜗杆蜗轮副 5 和锥齿轮副 2 带动车轮 1 转动。当转向电机 M_2 运转时。通过另一对蜗杆蜗轮副 6、齿轮副 9 带动车轮支架 10 适当偏转。当各车轮采取不同的偏转组合，并配以相应的车轮速度后，便能够实现如图 2-7 所示的不同移动方式。

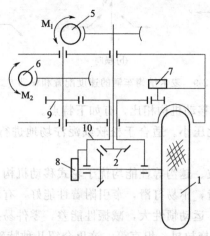

图 2-6　全轮偏转式全方位车轮

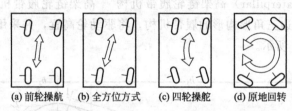

(a) 前轮操航　　(b) 全方位方式　　(c) 四轮操舵　　(d) 原地回转

图 2-7　全轮偏转全方位车辆的移动方式

应用更为广泛的全方位四轮移动机构采用一种称为麦卡纳姆轮（Mecanum weels）的新型车轮。图 2-8（a）所示为麦卡纳姆车轮的外形，这种车轮由两部分组成，即主动的轮毂和沿轮毂外缘按一定方向均匀分布着的多个被动辊子。当车轮旋转时，轮芯相对于地面的速度 v 是轮毂速度 v_h 与辊子滚动速度 v_r 的合成，v 与 v_h 有一个偏离角 θ，如图 2-8（b）所示。由于每个车轮均有这个特点，经适当组合后就可以实现车体的全方位移动和原地转向运动，见图 2-9。

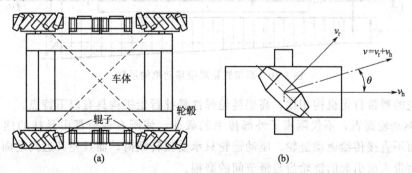

图 2-8　麦卡纳姆车轮及其速度合成

（2）**履带式移动机构**

履带式机构称为无限轨道方式，其最大特征是将圆环状的无限轨道履带卷绕在多个车轮上，使车轮不直接与路面接触。利用履带可以缓冲路面状态，因此可以在各种路面条件下行走。

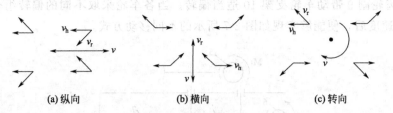

(a) 纵向　　　　　　　　　(b) 横向　　　　　　　　　(c) 转向

图 2-9　麦卡纳姆车辆的速度配置和移动方式

履带式移动机构与轮式移动机构相比，有如下特点。

① 支承面积大，接地比压小。适合于松软或泥泞场地进行作业，下陷度小，滚动阻力小，通过性能较好。

② 越野机动性好，爬坡、越沟等性能均优于轮式移动机构。

③ 履带支承面上有履齿，不易打滑，牵引附着性能好，有利于发挥较大的牵引力。

④ 结构复杂，重量大，运动惯性大，减振性能差，零件易损坏。

常见的履带传动机构有拖拉机、坦克等，这里介绍几种特殊的履带结构。

① 卡特彼勒（Caterpillar）高架链轮履带机构　　高架链轮履带机构是美国卡特彼勒公司开发的一种非等边三角形构形的履带机构，将驱动轮高置，并采用半刚性悬挂或弹件悬挂装置，如图 2-10 所示。

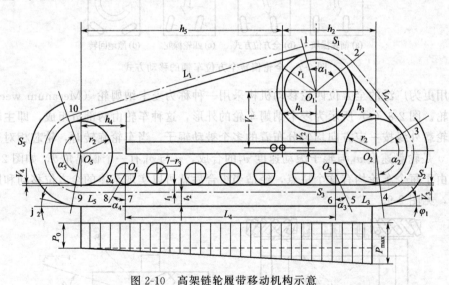

图 2-10　高架链轮履带移动机构示意

与传统的履带行走机构相比，高架链轮弹性悬挂行走机构具有以下特点。

a. 将驱动轮高置，不仅隔离了外部传来的载荷，使所有载荷都由悬挂的摆动机构和枢轴吸收而不直接传给驱动链轮。驱动链轮只承受扭转载荷，而且使其远离地面环境，减少由于杂物带入而引起的链轮齿与链节间的磨损。

b. 弹性悬挂行走机构能够保持更多的履带接触地面，使载荷均布。因此，同样机重情况下可以选用尺寸较小的零件。

c. 弹性悬挂行走机构具有承载能力大，行走平稳，噪声小，离地间隙大和附着性好等优点，使机器在不牺牲稳定性的前提下，具有更高的机动灵活性，减少了由于履带打滑而导致的功率损失。

d. 行走机构各零部件检修容易。

② 形状可变履带机构　形状可变履带机构指履带的构形可以根据需要进行变化的机构。图 2-11 是一种形状可变履带的外形。它由两条形状可变的履带组成，分别由两个主电机驱动。当两履带速度相同时，实现前进或后退移动；当两履带速度不同时，整个机器实现转向运动。当主臂杆绕履带架上的轴旋转时，带动行星轮转动，从而实现履带的不同构形，以适应不同的移动环境。

③ 位置可变履带机构　位置可变履带机构指履带相对于机体的位置可以发生改变的履带机构。这种位置的改变可以是一个自由度的，也可以是两个自由度的。图 2-12 所示为一种二自由度的变位履带移动机构。各履带能够绕机体的水平轴线和垂直轴线偏转，从而改变移动机构的整体构形。这种变位履带移动机构集履带机构与全方位轮式机构的优点于一身，当履带沿一个自由度变位时，用于爬越阶梯和跨越沟渠；当沿另一个自由度变位时，可实现车轮的全方位行走方式。

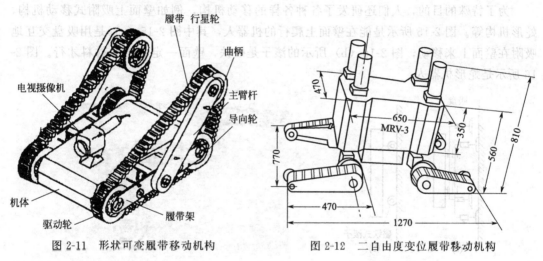

图 2-11　形状可变履带移动机构　　　　图 2-12　二自由度变位履带移动机构

（3）腿足式移动机构

履带式移动机构虽可以在高低不平的地面上运动，但是它的适应性不强，行走时晃动较大，在软地面上行驶时效率低。根据调查，地球上近一半的地面不适合于传统的轮式或履带式车辆行走。但是一般的多足动物却能在这些地方行动自如，显然足式移动机构在这样的环境下有独特的优势。

① 足式移动机构对崎岖路面具有很好的适应能力，足式运动方式的立足点是离散的点，可以在可能到达的地面上选择最优的支撑点，而轮式和履带式移动机构必须面临最坏的地形上的几乎所有的点。

② 足式运动方式还具有主动隔振能力，尽管地面高低不平，机身的运动仍然可以相当平稳。

③ 足式行走机构在不平地面和松软地面上的运动速度较高，能耗较少。

现有的足式移动机器人的足数分别为单足、双足、三足和四足、六足、八足甚至更多。足的数目多，适合于重载和慢速运动。实际应用中，因双足和四足具有最好的适应性和灵活性，也最接近人类和动物，所以用得最多。图 2-13 是日本开发的仿人机器人 ASI-MO，图 2-14 所示为机器狗。

图 2-13　仿人机器人 ASIMO

图 2-14　机器狗

（4）其他形式的移动机构

为了特殊的目的，人们还研发了各种各样的移动机构，例如壁面上吸附式移动机构，蛇形机构等。图 2-15 所示是能在壁面上爬行的机器人，其中图 2-15（a）是用吸盘交互地吸附在壁面上来移动，图 2-15（b）所示的滚子是磁铁，壁面一定是磁性材料才行。图 2-16 所示是蛇形机器人。

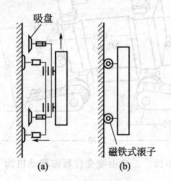

图 2-15　爬壁机器人

图 2-16　蛇形机器人

2.2.2　传动机构

传动机构用来把驱动器的运动传递到关节和动作部位。机器人常用的传动机构有丝杠传动机构、齿轮传动机构、螺旋传动机构、皮带及链传动、连杆及凸轮传动等。

（1）丝杠传动

机器人传动用的丝杠具备结构紧凑、间隙小和传动效率高等特点。

① 滚珠丝杠　滚珠丝杠的丝杠和螺母之间装了很多钢球，丝杠或螺母运动时钢球不断循环，运动得以传递。因此，即使丝杠的导程角很小，也能得到 90% 以上的传动效率。

滚珠丝杠可以把直线运动转换成回转运动，也可以把回转运动转换成直线运动。滚珠丝杠按钢球的循环方式分为钢球管外循环方式、靠螺母内部 S 状槽实现钢球循环的内循环方式和靠螺母上部导引板实现钢球循环的导引板方式，如图 2-17 所示。

由丝杠转数和导程得到的直线进给速度

 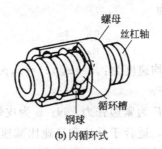 

(a) 外循环式　　　　　　(b) 内循环式　　　　　　(c) 导引板式

图 2-17　滚珠丝杠的结构

$$v = 60ln \tag{2-1}$$

式 (2-1) 中，v 为直线运动速度，m/s；l 为丝杠的导程，m；n 为丝杠的转速，r/min。

驱动力矩由式 (2-2) 和式 (2-3) 给出

$$T_a = \frac{F_a l}{2\pi \eta_1} \tag{2-2}$$

$$T_b = \frac{F_b l \eta_2}{2\pi} \tag{2-3}$$

式 (2-2) 中，T_a 为回转运动变换到直线运动（正运动）时的驱动力矩，N·m；η_1 为正运动时的传动效率（0.9～0.95）。

式 (2-3) 中，T_b 为直线运动变换到回转运动（逆运动）时的驱动力矩，N·m；η_2 为逆运动时的传动效率（0.9～0.95）；F_b 为轴向载荷，N；l 为丝杠的导程，m。

② 行星轮式丝杠　目前已经开发了以高载荷和高刚性为目的的行星轮式丝杠。该丝杠多用于精密机床的高速进给，从高速性和高可靠性来看，也可用在大型机器人的传动，其原理如图 2-18 所示。螺母与丝杠轴之间有与丝杠轴啮合的行星轮，装有 7～8 套行星轮的系杆可在螺母内自由回转，行星轮的中部有与丝杠轴啮合的螺纹，其两侧有与内齿轮啮合的齿。将螺母固定，驱动丝杠轴，行星轮便边自转边相对于内齿轮公转，并使丝杠轴沿轴向移动。行星轮式丝杠

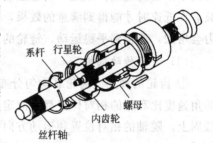

图 2-18　行星轮式丝杠

具有承载能力大、刚度高和回转精度高等优点，由于采用了小螺距，因而丝杠定位精度也高。

(2) 皮带传动与链传动

皮带和链传动用于传递平行轴之间的回转运动，或把回转运动转换成直线运动。机器人中的皮带和链传动分别通过皮带轮或链轮传递回转运动，有时还用来驱动平行轴之间的小齿轮。

① 齿形带传动　如图 2-19 所示，齿形带的传动面上有与带轮啮合的梯形齿。齿形带传动时无滑动，初始张力小，被动轴的轴承不易过载。因无滑动，它除了用做动力传动外还适用于定位。齿形带采用氯丁橡胶做基材，并在中间加入玻璃纤维等伸缩刚性大的材料，齿面上覆盖耐磨性好的尼龙布。用于传递轻载荷的齿形带是用聚氨基甲酸酯（简称聚酯）制造的。齿的节距用包络带轮的圆节距 p 来表示，表示方法有模数法和英寸法。各种节距的齿形带有不同规格的宽度和长度。设主动轮和被动轮的转数为 n_a 和 n_b，齿数为

21

z_a 和 z_b，齿形带传动的传动比为

$$i = \frac{n_b}{n_a} = \frac{z_a}{z_b}$$

设圆节距为 p，齿形带的平均速度为：$v = z_a p n_a = z_b p n_b$

齿形带的传动功率为：$P = Fv$

式中，P 为传动功率，W；F 为紧边张力，N；v 为皮带速度，m/s。

齿形带传动属于低惯性传动，适合于马达和高速比减速器之间使用。皮带上面安上滑座可完成与齿轮齿条机构同样的功能。因为它惯性小，且有一定的刚度，所以适合于高速运动的轻型滑座。

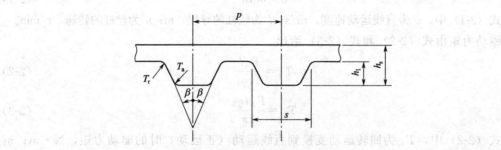

图 2-19　齿形带形状

② 滚子链传动　滚子链传动属于比较完善的传动机构，由于噪声小，效率高，因此得到了广泛的应用。但是，高速运动时滚子与链轮之间的碰撞，产生较大的噪声和振动，只有在低速时才能得到满意的效果，即适合于低惯性载荷的关节传动。链轮齿数少，摩擦力会增加，要得到平稳运动，链轮的齿数应大于 17，并尽量采用奇数个齿。

（3）齿轮传动机构

① 齿轮的种类　齿轮靠均匀分布在轮边上的齿的直接接触来传递扭矩。通常，齿轮的角速度比和轴的相对位置都是固定的。因此，轮齿以接触柱面为节面，等间隔地分布在圆周上。随轴的相对位置和运动方向的不同，齿轮有多种类型，其中主要的类型如图2-20所示。

② 各种齿轮的结构及特点

a. 直齿圆柱齿轮　直齿圆柱齿轮是最常用的齿轮之一。通常，齿轮两齿啮合处的齿面之间存在间隙，称为齿隙（见图 2-21）。为弥补齿轮制造误差和齿轮运动中温升引起的热膨胀的影响，要求齿轮传动有适当的齿隙，但频繁正反转的齿轮齿隙应限制在最小范围之内。齿隙可通过减小齿厚或拉大中心距来调整。无齿隙的齿轮啮合叫无齿隙啮合。

b. 斜齿轮　如图 2-22 所示，斜齿轮的齿带有扭曲。它与直齿轮相比具有强度高、重叠系数大和噪声小等优点。斜齿轮传动时会产生轴向力，所以应采用止推轴承或成对地布置斜齿轮，见图 2-23。

c. 伞齿轮　伞齿轮用于传递相交轴之间的运动，以两轴相交点为顶点的两圆锥面为啮合面，见图 2-24。齿向与节圆锥直母线一致的称直齿伞齿轮，齿向在节圆锥切平面内呈曲线的称弧齿伞齿轮。直齿伞齿轮用于节圆圆周速度低于 5m/s 的场合，弧齿伞齿轮用于节圆圆周速度大于 5m/s 或转速高于 1000r/min 的场合，还用在要求低速平滑回转的场合。

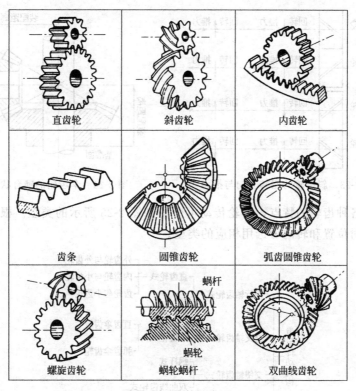

图 2-20　齿轮的类型

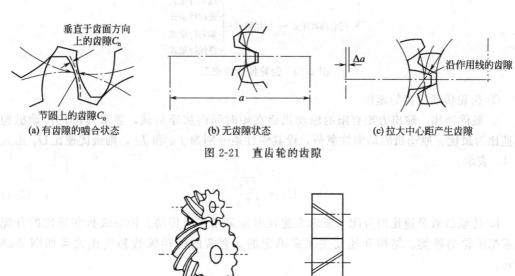

(a) 有齿隙的啮合状态　　　(b) 无齿隙状态　　　(c) 拉大中心距产生齿隙

图 2-21　直齿轮的齿隙

(a) 斜齿轮的立体图　　　(b) 斜齿轮的简化画法

图 2-22　斜齿轮

　　d. 蜗轮蜗杆　蜗轮蜗杆传动装置由蜗杆和与蜗杆相啮合的蜗轮组成。蜗轮蜗杆能以大减速比传递垂直轴之间的运动。鼓形蜗轮用在大负荷和大重叠系数的场合。蜗轮蜗杆传动与其他齿轮传动相比具有噪声小、回转轻便和传动比大等优点，缺点是其齿隙比直齿轮和斜齿轮大，齿面之间摩擦大，因而传动效率低。

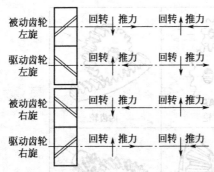

图 2-23 斜齿轮的回转方向与推力

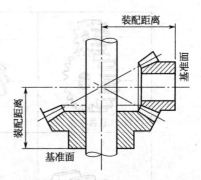

图 2-24 伞齿轮的啮合状态

基于上述各种齿轮的特点，齿轮传动可分为如图 2-25 所示的类型。根据主动轴和被动轴之间的相对位置和转向可选用相应的类型。

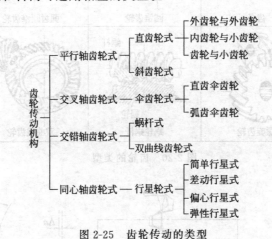

图 2-25 齿轮传动的类型

③ 齿轮传动机构的速比

a. 最优速比 输出力矩有限的原动机要在短时间内加速负载，要求其齿轮传动机构的速比为最优。原动机驱动惯性载荷，设其惯性矩分别为 J_N 和 J_L，则最优速比 U_a 由式（2-4）表示：

$$U_a = \sqrt{\frac{J_L}{J_N}} \tag{2-4}$$

b. 传动级数及速比的分配 要求大速比时应采用多级传动。传动级数和速比的分配是根据齿轮的种类、结构和速比关系来确定的。通常的传动级数和速比关系如图 2-26 所示。

④ 行星齿轮减速器 行星齿轮减速器大体上分为 S-C-P、3S（3K）、2S-C（2K-H）三类，结构如图 2-27 所示。

a. S-C-P（K-H-V）式行星齿轮减速器 S-C-P 由齿轮、行星齿轮和行星齿轮支架组成。行星齿轮的中心和内齿轮中心之间有一定偏距，仅部分齿参加啮合。曲柄轴与输入轴相连，行星齿轮绕内齿轮，边公转边自转。行星齿轮公转一周时，行星齿轮反向自转的转数取决于行星齿轮和内齿轮之间的齿数差。

行星齿轮为输出轴时传动比为 $i = \dfrac{Z_s - Z_p}{Z_p}$

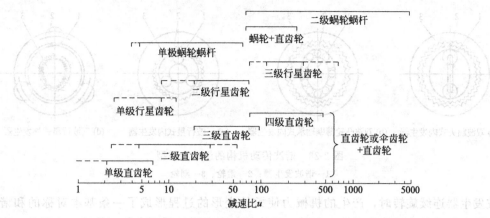

图 2-26　齿轮传动的级数与速比关系

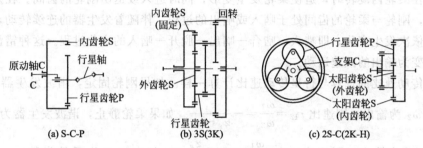

(a) S-C-P　　　　(b) 3S(3K)　　　　(c) 2S-C(2K-H)

图 2-27　行星齿轮减速器形式

式中，Z_s 为内齿轮（太阳齿轮）的齿数，Z_p 为行星齿轮的齿数。

b. 3S 式行星齿轮减速器　3S 式减速器的行星齿轮与两个内齿轮同时啮合，还绕太阳齿轮（外齿轮）公转。两个内齿轮中，固定一个时另一个齿轮可以转动，并可与输出轴相连接。这种减速器的传动比取决于两个内齿轮的齿数差。

c. 2S-C 式行星齿轮减速器　2S-C 式由两个太阳齿轮（外齿轮和内齿轮）、行星齿轮和支架组成。内齿轮和外齿轮之间夹着 2～4 个相同的行星齿轮，行星齿轮同时与外齿轮和内齿轮啮合。支架与各行星齿轮的中心相连接，行星齿轮公转时迫使支架绕中心轮轴回转。

上述行星齿轮机构中，若内齿轮 Z_s 和行星齿轮的齿数 Z_p 之差为 1，可得到最大减速比 $i = 1/Z_p$，但容易产生齿顶的相互干涉，这个问题可由下述方法解决：利用圆弧齿形或钢球；齿数差设计成 2；行星齿轮采用可以弹性变形的薄椭圆状（谐波传动）。

（4）谐波传动机构

如图 2-28 所示，谐波传动机构由谐波发生器（图中 1）、柔轮（图中 2）和刚轮（图中 3）三个基本部分组成。

① 谐波发生器　谐波发生器是在椭圆型凸轮的外周嵌入薄壁轴承制成的部件。轴承内圈固定在凸轮上，外圈靠钢球发生弹性变形，一般与输入轴相连。

② 柔轮　柔轮是杯状薄壁金属弹性体，杯口外圆切有齿，底部称柔轮底，用来与输出轴相连。

③ 刚轮　刚轮内圆有很多齿，齿数比柔轮多两个，一般固定在壳体。谐波发生器通常采用凸轮或偏心安装的轴承构成。刚轮为刚性齿轮，柔轮为能产生弹性变形的齿轮。当

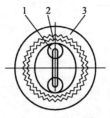 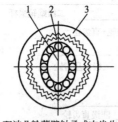 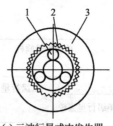 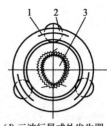

(a) 双波触头式内发生器　(b) 双波凸轮薄壁轴承式内发生器　(c) 三波行星式内发生器　(d) 三波行星式外发生器

图 2-28　谐波传动机构的组成和类型

1—谐波发生器；2—柔轮；3—刚轮

谐波发生器连续旋转时，产生的机械力使柔轮变形的过程形成了一条基本对称的和谐曲线。发生器波数表示发生器转一周时，柔轮某一点变形的循环次数。其工作原理是：当谐波发生器在柔轮内旋转时，迫使柔轮发生变形，同时进入或退出刚轮的齿间。在发生器的短轴方向，刚轮与柔轮的齿间处于啮入或啮出的过程，伴随着发生器的连续转动，齿间的啮合状态依次发生变化，即啮入—啮合—啮出—脱开—啮入的变化过程。这种错齿运动把输入运动变为输出的减速运动。

谐波传动速比的计算与行星传动速比计算一样。如果刚轮固定，谐波发生器 ω_1 为输入，柔轮 ω_2 为输出，则速比 $i_{12} = \dfrac{\omega_1}{\omega_2} = -\dfrac{z_r}{z_g - z_r}$。如果柔轮静止，谐波发生器为 ω_1 为输入，刚轮 ω_3 为输出，则速比 $i_{13} = \dfrac{\omega_1}{\omega_3} = -\dfrac{z_g}{z_g - z_r}$。其中，$z_r$ 为柔轮齿数；z_g 为刚轮齿数。

柔轮与刚轮的轮齿周节相等，齿数不等，一般取双波发生器的齿数差为 2，三波发生器齿数差为 3。双波发生器在柔轮变形时所产生的应力小，容易获得较大的传动比。三波发生器在柔轮变形所需要的径向力大，传动时偏心变小，适用于精密分度。通常推荐谐波传动最小齿数在齿数差为 2 时，$z_{min} = 150$，齿数差为 3 时，$z_{min} = 225$。

谐波传动的特点是结构简单、体积小、重量轻、传动精度高、承载能力大、传动比大，且具有高阻尼特性，但柔轮易疲劳、扭转刚度低，且易产生振动。

此外，也有采用液压静压波发生器和电磁波发生器的谐波传动机构，图 2-29 为采用液压静压波发生器的谐波传动示意图。凸轮 1 和柔轮 2 之间不直接接触，在凸轮 1 上的小孔 3 与柔轮内表面有大约 0.1mm 的间隙。高压油从小孔 3 喷出，使柔轮产生变形波，从而产生减速驱动谐波传动，因为油具有很好的冷却作用，能提高传动速度。此外还有利用电磁波原理波发生器的谐波传动机构。

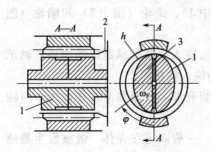

图 2-29　液压静压波发生器谐波传动

谐波传动机构在机器人中已得到广泛应用。美国送到月球上的机器人，前苏联送上月球的移动式机器人"登月者"，德国大众汽车公司研制的 Rohren、Gerot R30 型机器人和法国雷诺公司研制的 Vertical 80 型等机器人都采用了谐波传动机构。

（5）连杆与凸轮传动

重复完成简单动作的搬运机器人（固定程序机器人）中广泛采用杆、连杆与凸轮机构。例如，从某位置抓取物体放在另一位置上的作业。连杆机构的特点是用简单的机构可得到较大的位移，而凸轮机构具有设计灵活、可靠性高和形式多样等特点。外凸轮机构是最常见的机构，它借助于弹簧可得到较好的高速性能。内凸轮驱动时要求有一定的间隙，其高速性能劣于前者。圆柱凸轮用于驱动摆杆，而摆杆在与凸轮回转方向平行的面内摆动。如图 2-30、图 2-31 所示。

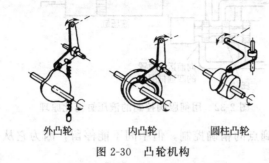

外凸轮　　　　　内凸轮　　　　圆柱凸轮

图 2-30　凸轮机构

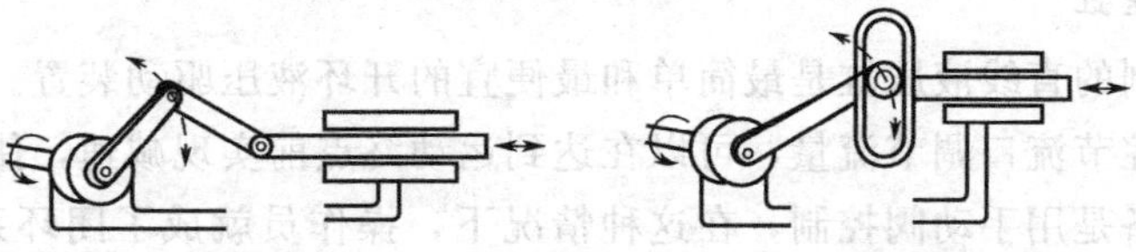

(a) 曲柄式　　　　　　　　　(b) 拨叉式

图 2-31　连杆机构

2.3　驱动系统

驱动系统是向机械结构系统提供动力的装置。机器人的驱动方式主要有液压驱动、气压驱动和电气驱动及新型驱动。工业机器人出现的初期，由于其运动大多采用曲柄机构和连杆机构等，因此大多采用液压与气压驱动方式。但随着对作业高速度的要求，以及作用日益复杂化，目前电气驱动的机器人所占的比例越来越大。但在需要出力很大的应用场合，或运动精度不高、有防爆要求的场合，液压、气压驱动仍获得满意的应用。

电气驱动是目前使用最多的一种驱动方式，其特点是无环境污染、运动精度高、电源取用方便，响应快，驱动力大，信号检测、传递、处理方便，并可以采用多种灵活的控制方式，驱动电机一般采用步进电机、直流伺服电机、交流伺服电机，也有采用直接驱动电机的。

液压驱动可以获得很大的抓取能力，传动平稳，结构紧凑，防爆性好，动作也较灵敏，但对密封性要求高，不宜在高、低温现场工作。

气压驱动的机器人结构简单，动作迅速，空气来源方便，价格低，但由于空气可压缩而使工作速度稳定性差，抓取力小。

随着应用材料科学的发展，一些新型材料开始应用于机器人的驱动，如形状记忆合金驱动、压电效应驱动、人工肌肉及光驱动等。

2.3.1　液压驱动

液压驱动是以高压油作为工作介质。驱动可以是闭环的或是开环的，可以是直线的或是旋转的。图 2-32 是用伺服阀控制的液压缸的简化原理图。

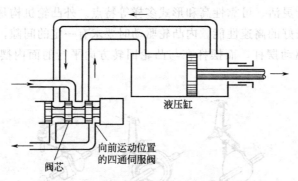

图 2-32　用伺服阀控制的液压缸简化原理

开环控制能实现点到点的精确控制，但中间不能停留，因为它从一个位置运动，碰到一个挡块后才停下来。

(1) 直线液压缸

用电磁阀控制的直线液压缸是最简单和最便宜的开环液压驱动装置。在直线液压缸的操作中，通过受控节流口调节流量，可以在达到运动终点前实现减速，使停止过程得到控制。也有许多设备是用手动阀控制，在这种情况下，操作员就成了闭环系统中的一部分，因而不再是一个开环系统。汽车起重机和铲车就是这种类型。

大直径的液压缸是很贵的，但能在小空间内输出很大的力。工作压力通常达 14MPa，所以每 $1cm^2$ 面积就可输出 1400N 的力。

无论是直线液压缸或旋转液压马达，它们的工作原理都是基于高压对活塞或对叶片的作用。液压油是经控制阀被送到液压缸的一端，见图 2-32。在开环系统中，阀是由电磁铁来控制的；在闭环系统中，则是用电液伺服阀或手动阀来控制的。最大众化的 Unimation 机器人使用液压驱动已有多年。

(2) 旋转执行元件

图 2-33 是一种旋转式执行元件。它的壳体用铝合金制成，转子是钢制的，密封圈和防尘圈分别防止油的外泄和保护轴承。在电液阀的控制下，液压油经进油孔流入，并作用于固定在转子的叶片上，使转子转动。固定叶片防止液压油短路。通过一对消隙齿轮带动的电位器和一个解算器给出位置信息。电位器给出粗略值，精确位置由解算器测定。这样，解算器的高精度小量程就由低精度大量程的电位器予以补偿。当然，整个的精度不会超过驱动电位器和解算器的齿轮系的精度。

(3) 液压驱动的优缺点

用于控制液流的电液伺服阀相当昂贵，而且需要经过过滤的高洁净度油，以防止伺服阀堵塞。使用时，电液伺服阀是用一个小功率的电气伺服装置（力矩电动机）驱动的。力矩电动机比较便宜，但这点便宜并不能弥补伺服阀本身的昂贵，也不能弥补系统污染这一缺陷。因压力高，总是存在漏油的危险，14MPa 的压力会迅速地用油膜覆盖很大面积，所以这是一个必须重视的问题。这样一来，所需的管件就很贵，并需要良好的维护，以保证其可靠性。

由于液压缸提供了精确的直线运动，因此在机器人上尽可能使用直线驱动元件。然而液压马达的结构设计也很精良，尽管其价格要高一些，同样功率的液压马达要比电动机尺

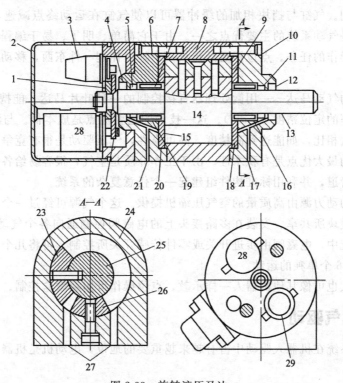

图 2-33　旋转液压马达

1，22—齿轮；2—防尘罩；3，29—电位器；4，12—防尘圈；5，11—密封圈；6，10—端盖；

7，13—输出轴；8，24—壳体；9，15—钢盘；14，25—转子；16，19—滚针轴承；

17，21—泄油孔；18，20—O 形密封圈；23—转动叶片；

26—固定叶片；27—进出油孔；28—解算器

寸小，当关节式机器人的关节上必须装液压马达时，这就是一个优点。但为此却要把液压油送到回转关节上。目前新设计的电动机尺寸已变得紧凑，重量也减小，这是因为用了新的磁性材料。尽管较贵，但电动机还是更可靠些，而且维护工作量小。

液压驱动超过电动机驱动的根本优点是它的本质安全性。在像喷漆这样的环境中，对安全性提出了严格的要求。

因为存在着电弧和引爆的可能性，要求在易爆区域中所带电压不超过 9V，液压系统不存在电弧问题，而且在用于易爆气体中时，无例外总是选用液压驱动。如采用电动机，就要密封，但目前电动机的成本和质量对需要这种功率的情况是不允许的。

2.3.2　气压驱动

有不少机器人制造厂家用气动系统制造了很灵活的机器人。在原理上，它们很像液压驱动，但细节差别很大。它的工作介质是高压空气。在所有的驱动方式中，气压驱动是最简单的，在工业上应用很广。气动执行元件既有直线气缸，也有旋转气动马达。

多数的气压驱动是完成挡块间的运动。由于空气的可压缩性，实现精确控制是困难的。即使将高压空气施加到活塞的两端，活塞和负载的惯性仍会使活塞继续运动，直到它碰到机械挡块，或者空气压力最终与惯性力平衡为止。

用气压伺服实现高精度是困难的，但在能满足精度的场合下，气压驱动在所有的机器人中是重量最轻、成本最低的。可以用机械挡块实现点位操作中的精确定位，0.12mm 的精度很容易达到。气缸与挡块相加的缓冲器可以使气缸在运动终点减速，以防止碰坏设备。操作简单是气动系统的主要优点之一。由于它简单、明了、易于编程，因此可以完成大量点位搬运操作的任务。点位搬运是指从一个地点抓起一件东西，移动到另一指定地点放下来。

一种新型的气动马达——用微处理器直接控制的一种叶片马达，能携带 215.6N 的负载而又获得较高的定位精度（1mm）。这一技术的主要优点是成本低。与液压驱动和电动机驱动的机器人相比，如能达到高精度、高可靠性，气压驱动是很有竞争力的。

气压驱动的最大优点是有积木性。由于工作介质是空气，很容易给各个驱动装置接上许多压缩空气管道，并利用标准构件组建起一个任意复杂的系统。

气动系统的动力源由高质量的空气压缩机提供。这个气源可经过一个公用的多路接头为所有的气动模块所共享。安装在多路接头上的电磁阀控制通向各个气动元件的气流量。在最简单的系统中，电磁阀由步进开关或零件传感开关所控制。可将几个执行元件进行组装，以提供 3～6 个单独的运动。

气动机器人也可像其他机器人一样示教，点位操作可用示教盒控制。

2.3.3 电气驱动

电气驱动系统在机器人驱动中占有越来越重要的地位，电动机是机器人驱动系统中的执行元件。

（1）机器人伺服执行机构

机器人运动控制的核心与基础是其伺服执行机构及其控制系统。随着微电子技术的迅速发展，过去主要用于恒速运转的交流驱动技术，终于在 20 世纪 90 年代，可以逐步取代高性能的直流驱动，使得机器人的伺服执行机构的最高速度、容量、使用环境及维护修理等条件得到大幅度的改善，从而实现了机器人对伺服电机的轻薄短小、安装方便、高效率、高控制性能、无维修的要求。目前，国际上的工业机器人 90% 以上均采用交流伺服电机作为执行机构。机器人采用的交流伺服电机也常被称作直流无刷伺服电机，它与直流伺服电机的构造基本上是相同的，不同点仅是整流子部分。

（2）直流（DC）伺服电机的基本工作原理

如图 2-34 所示，由于永磁铁 N、S 的作用，当 N、S 之间的导体通过电刷和整流子有电流流过时，根据弗莱明左手法则，产生如图 2-34 所示的转矩。当导体转子回转到 90° 时，由于整流子的作用，电流反向，转子继续回转。按图 2-35 所示的结构，在通电瞬间，转子电流与磁通正交，故转子以最大转矩旋转。在旋转过程中，转矩逐渐减小，到 90° 时为 0。本来转矩为 0，转子应该停止旋转，可实际上由于转子的惯性作用，转子将继续旋转，一旦超过 90°，则由于换流的作用，转矩又开始增大。因此，图 2-35 所示的直流电机是一个转矩变化激烈的电机。为了保证电机保持一定的最大转矩，实际应用的直流伺服电机往往要设置数十个整流子，并在设计中保证磁通总是与电流正交。

（3）交流（AC）伺服电机的基本工作原理

如图 2-35 所示，将 DC 伺服电机的整流子换成滑环，并在 A 端电刷接电源"＋"极，B 端接"－"极，则与 DC 伺服电机一样，转子转矩的产生使转子旋转。如果保持这个状态，则因无整流子，转子要停止旋转。如果能够在适当的时刻，改变外部电源的电流方向，则可以维持转子的继续旋转。如果将外部电源变成交流，三相绕组为定子，永久磁铁安置在转子上，则转子可实现与交流频率相应的回转速度不断旋转。这样，与电源频率同步，让转子不断旋转的电机即是 AC 同步伺服电机，人们也常常称这种电机为 DC 无刷伺服电机。它的特点是必须随时根据转子的位置改变电源极性。

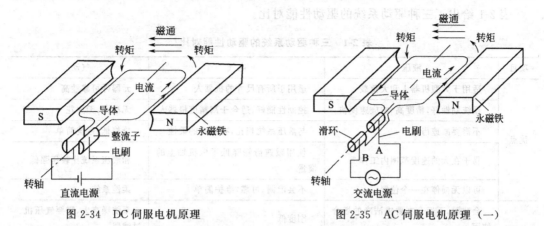

图 2-34　DC 伺服电机原理　　　　　图 2-35　AC 伺服电机原理（一）

如图 2-36 所示，目前的 AC 伺服电机（又称 DC 无刷伺服电机）基本采用这种旋转磁场结构。DC 伺服电机依靠整流子数目的增加来减小其转矩的波动，而 AC 伺服电机则是将电机定子作为三相绕组。各相电流是通过正弦波变换实现的。

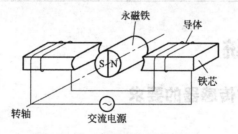

图 2-36　AC 伺服电机原理（二）

图 2-37（a）、(b) 是三相同步电机的截面图。U$^+$、U$^-$、V$^+$、V$^-$、W$^+$、W$^-$ 是各相绕组的始端与终端。将图 2-37（c）所示的三相交流电源接通时，在时刻 A，仅 U 相为正，V 相、W 相均为负。各绕组的电流方向如图 2-37（a）所示，根据电流而诱发的磁通合成向量产生在从 N 指向 S 方向上。此时，在与磁通成正交的位置上，若有转子磁场，则在顺时针方向上，转子产生回转转矩。同样，在时刻 B 所产生的磁通［见图 2-37（b）］正好在顺时针方向的 60°处。

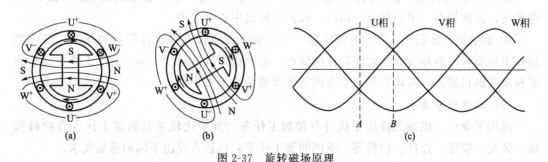

图 2-37　旋转磁场原理

如上所述，只要让三相正弦电流流过电机定子上的绕组，就可以得到连续的回转磁场。只要能够做到让转子的任意回转位置总能与其正弦波相位正交,就可以得到平滑的转矩,获得高效率的 AC 伺服电机。因此,转子位置检测及其相位正交控制,成为 AC 伺服电机控制的关键。

表 2-1 给出了三种驱动系统的驱动性能对比。

表 2-1 三种驱动系统的驱动性能对比

项目		液压	电气	气动
优点		适用于大型机器人和大负载	适用于所有尺寸的机器人	元器件可靠性高
		系统刚性好,精度高,响应速度快	控制性能好,适合于高精度机器人	无泄漏,无火花
		不需要减速齿轮	与液压系统相比,有较高的柔性	价格低,系统简单
		易于在大的速度范围内工作	使用减速齿轮降低了电机轴上的惯量	和液压系统比较压强低
		可以无损停在一个位置	不会泄漏,可靠,维护简单	柔性系统
缺点		会泄漏,不适合在要求洁净的场合使用	刚度低	系统噪声大,需要气压机、过滤器
		需要泵、储液箱、电机等	需要减速齿轮,增加成本、质量等	很难控制线性位置
		价格昂贵,有噪声,需要维护	在不供电时,电机需要刹车装置	在负载作用下易变形,刚度低

2.4 感知系统

2.4.1 机器人对传感器的要求

(1) 基本性能要求

① 精度高、重复性好 机器人传感器的精度直接影响机器人的工作质量。用于检测和控制机器人运动的传感器是控制机器人定位精度的基础。机器人是否能够准确无误地正常工作,往往取决于传感器的测量精度。

② 稳定性好,可靠性高 机器人传感器的稳定性和可靠性是保证机器人能够长期稳定可靠地工作的必要条件。机器人经常是在无人照管的条件下代替人来操作,如果它在工作中出现故障,轻者影响生产的正常进行,重者造成严重事故。

③ 抗干扰能力强 机器人传感器的工作环境比较恶劣,它应当能够承受强电磁干扰、强振动,并能够在一定的高温、高压、高污染环境中正常工作。

④ 重量轻、体积小、安装方便可靠 对于安装在机器人操作臂等运动部件上的传感器,重量要轻,否则会加大运动部件的惯性,影响机器人的运动性能。对于工作空间受到某种限制的机器人,对体积和安装方向的要求也是必不可少的。

(2) 工作任务要求

现代工业中,机器人被用于执行各种加工任务,其中比较常见的加工任务有物料搬运、装配、喷漆、焊接、检验等。不同的加工任务对机器人提出不同的感觉要求。

多数搬运机器人目前尚不具有感觉能力,它们只能在指定的位置上拾取确定的零件。而且,在机器人拾取零件以前,除了需要给机器人定位以外,还需要采用某种辅助设备或工艺措施，把被拾取的零件准确定位和定向，这就使得加工工序或设备更加复杂。如果搬运机器人具有视觉、触觉和力觉等感觉能力，就会改善这种状况。视觉系统用于被拾取零件的粗定位，使机器能够根据需要，寻找应该拾取的零件，并确定该零件的大致位置。触觉传感器用于感知被拾取零件的存在、确定该零件的准确位置，以及确定该零件的方向。触觉传感器有助于机器人更加可靠地拾取零件。力觉传感器主要用于控制搬运机器人的夹持力，防止机器人手爪损坏被抓取的零件。

　　装配机器人对传感器的要求类似于搬运机器人，也需要视觉、触觉和力觉等感觉能力。通常，装配机器人对工作位置的要求更高。现在，越来越多的机器人正进入装配工作领域，主要任务是销、轴、螺钉和螺栓等装配工作。为了使被装配的零件获得对应的装配位置，采用视觉系统选择合适的装配零件，并对它们进行粗定位，机器人触觉系统能够自动校正装配位置。

　　喷漆机器人一般需要采用两种类型的传感系统：一种主要用于位置（或速度）的检测；另一种用于工作对象的识别。用于位置检测的传感器，包括光电开关、测速码盘、超声波测距传感器、气动式安全保护器等。待漆工件进入喷漆机器人的工作范围时，光电开关立即接通，通知正常的喷漆工作要求。超声波测距传感器一方面可以用于检测待漆工件的到来，另一方面用来监视机器人及其周围设备的相对位置变化，以避免发生相互碰撞。一旦机器人末端执行器与周围物体发生碰撞，气动式安全保护器会自动切断机器人的动力源，以减少不必要的损失。现代生产经常采用多品种混合加工的柔性生产方式，喷漆机器人系统必须同时对不同种类的工件进行喷漆加工，要求喷漆机器人具备零件识别功能。为此，当待漆工件进入喷漆作业区时，机器人需要识别该工件的类型，然后从存储器中取出相应的加工程序进行喷漆。用于这项任务的传感器，包括阵列触觉传感器系统和机器人视觉系统。由于制造水平的限制，阵列式触觉传感系统只能识别那些形状比较简单的工件，较复杂工件的识别则需要采用视觉系统。

　　焊接机器人包括点焊机器人和弧焊机器人两类。这两类机器人都需要用位置传感器和速度传感器进行控制。位置传感器主要是采用光电式增量码盘，也可以采用较精密的电位器。

　　根据现在的制造水平，光电式增量码盘具有较高的检测精度和较高的可靠性，但价格昂贵。速度传感器目前主要采用测速发电机，其中交流测速发电机的线性度比较高，且正向与反向输出特性比较对称，比直流测速发电机更适合于弧焊机器人使用。为了检测点焊机器人与待焊工件的接近情况，控制点焊机器人的运动速度，点焊机器人还需要装备接近度传感器。弧焊机器人对传感器有一个特殊要求，需要采用传感器使焊枪沿焊缝自动定位，并且自动跟踪焊缝，目前完成这一功能的常见传感器有触觉传感器、位置传感器和视觉传感器。

　　环境感知能力是移动机器人除了移动之外最基本的一种能力，感知能力的高低直接决定了一个移动机器人的智能性，而感知能力是由感知系统决定的。移动机器人的感知系统相当于人的五官和神经系统，是机器人获取外部环境信息及进行内部反馈控制的工具，它是移动机器人最重要的部分之一。移动机器人的感知系统通常由多种传感器组成，这些传感器处于连接外部环境与移动机器人的接口位置，是机器人获取信息的窗口。机器人用这些传感器采集各种信息，然后采取适当的方法，将多个传感器获取的环境信息加以综合处理，控制机器人进行智能作业。

2.4.2 常用传感器的特性

在选择合适的传感器以适应特定的需要时，必须考虑传感器多方面的不同特点。这些特点决定了传感器的性能、是否经济、应用是否简便以及应用范围等。在某些情况下，为实现同样的目标，可以选择不同类型的传感器。这时，在选择传感器前应该考虑以下一些因素。

（1）成本

传感器的成本是需要考虑的重要因素，尤其在一台机器需要使用多个传感器时更是如此。然而成本必须与其他设计要求相平衡，例如可靠性、传感器数据的重要性、精度和寿命等。

（2）尺寸

根据传感器的应用场合，尺寸大小有时可能是最重要的。例如，关节位移传感器必须与关节的设计相适应，并能与机器人中的其他部件一起移动，但关节周围可利用的空间可能会受到限制。另外，体积庞大的传感器可能会限制关节的运动范围。因此，确保给关节传感器留下足够大的空间非常重要。

（3）重量

因机器人是运动装置，所以传感器的重量很重要，传感器过重会增加操作臂的惯量，同时还会减少总的有效载荷。

（4）输出的类型（数字式或模拟式）

根据不同的应用，传感器的输出可以是数字量也可以是模拟量，它们可以直接使用，也可能必须对其进行转换后才能使用。例如，电位器的输出是模拟量，而编码器的输出则是数字量。如果编码器连同微处理器一起使用，其输出可直接传输至处理器的输入端，而电位器的输出则必须利用模数转换器（ADC）转变成数字信号。哪种输出类型比较合适必须结合其他要求进行折中考虑。

（5）接口

传感器必须能与其他设备相连接，如微处理器和控制器。倘若传感器与其他设备的接口不匹配或两者之间需要其他的额外电路，那么需要解决传感器与设备间的接口问题。

（6）分辨率

分辨率是传感器在测量范围内所能分辨的最小值。在绕线式电位器中，它等同于一圈的电阻值。在一个 n 位的数字设备中，分辨率＝满量程/2^n。例如，四位绝对式编码器在测量位置时，最多能有 $2^4＝16$ 个不同等级。因此，分辨率是 $360°/16＝22.5°$。

（7）灵敏度

灵敏度是输出响应变化与输入变化的比。高灵敏度传感器的输出会由于输入波动（包括噪声）而产生较大的波动。

（8）线性度

线性度反映了输入变量与输出变量间的关系。这意味着具有线性输出的传感器在其量程范围内，任意相同的输入变化将会产生相同的输出变化。几乎所有器件在本质上都具有一些非线性，只是非线性的程度不同。在一定的工作范围内，有些器件可以认为是线性的，而其他一些器件可通过一定的前提条件来线性化。如果输出不是线性的，但已知非线性度，则可以通过对其适当地建模、添加测量方程或额外的电子线路来克服非线性度。例如，如果位移传感器的输出按角度的正弦变化，那么在应用这类传感器时，设计者可按角度的正弦来对输出进行刻度划分，这可以通过应用程序，或能根据角度的正弦来对信号进行分度的简单电路来实现。于是，从输出来看，传感器好像是线性的。

　　(9) 量程

　　量程是传感器能够产生的最大与最小输出之间的差值，或传感器正常工作时最大和最小输入之间的差值。

　　(10) 响应时间

　　响应时间是传感器的输出达到总变化的某个百分比时所需要的时间，它通常用占总变化的百分比来表示，例如 95%。响应时间也定义为当输入变化时，观察输出发生变化所用的时间。例如，简易水银温度计的响应时间长，而根据辐射热测温的数字温度计的响应时间短。

　　(11) 频率响应

　　假如在一台性能很高的收音机上接上小而廉价的扬声器，虽然扬声器能够复原声音，但是音质会很差，而同时带有低音及高音的高品质扬声器系统在复原同样的信号时，会具有很好的音质。这是因为两喇叭扬声器系统的频率响应与小而廉价的扬声器大不相同。因为小扬声器的自然频率较高，所以它仅能复原较高频率的声音。而至少含有两个喇叭的扬声器系统可在高、低音两个喇叭中对声音信号进行还原，这两个喇叭一个自然频率高，另一个自然频率低，两个频率响应融合在一起使扬声器系统复原出非常好的声音信号（实际上，信号在接入扬声器前均进行过滤）。只要施加很小的激励，所有的系统就都能在其自然频率附近产生共振。随着激振频率的降低或升高，响应会减弱。频率响应带宽指定了一个范围，在此范围内系统响应输入的性能相对较高。频率响应的带宽越大，系统响应不同输入的能力也越强。考虑传感器的频率响应和确定传感器是否在所有运行条件下均具有足够快的响应速度是非常重要的。

　　(12) 可靠性

　　可靠性是系统正常运行次数与总运行次数之比，对于要求连续工作的情况，在考虑费用以及其他要求的同时，必须选择可靠且能长期持续工作的传感器。

　　(13) 精度

　　精度定义为传感器的输出值与期望值的接近程度。对于给定输入，传感器有一个期望输出，而精度则与传感器的输出和该期望值的接近程度有关。

　　(14) 重复精度

　　对同样的输入，如果对传感器的输出进行多次测量，那么每次输出都可能不一样。重复精度反映了传感器多次输出之间的变化程度。通常，如果进行足够次数的测量，那么就可以确定一个范围，它能包括所有在标称值周围的测量结果，那么这个范围就定义为重复精度。通常重复精度比精度更重要，在多数情况下，不准确度是由系统误差导致的，因为它们可以预测和测量，所以可以进行修正和补偿。重复性误差通常是随机的，不容易补偿。

2.5　控制系统

　　控制系统的任务是根据机器人的作业指令以及从传感器反馈回来的信号，支配机器人的执行机构去完成规定的运动和功能。如果机器人不具备信息反馈特征，则为开环控制系统；具备信息反馈特征，则为闭环控制系统。根据控制原理可分为程序控制系统、适应性控制系统和人工智能控制系统。根据控制运动的形式可分为点位控制和连续轨迹控制。

对于一个具有高度智能的机器人，它的控制系统实际上包含了"任务规划""动作规划""轨迹规划"和基于模型的"伺服控制"等多个层次，如图2-38所示。机器人首先要通过人机接口获取操作者的指令，指令的形式可以是人的自然语言，或者是由人发出的专用的指令语言，也可以是通过示教工具输入的示教指令，或者键盘输入的机器人指令语言以及计算机程序指令。机器人其次要对控制命令进行解释理解，把操作者的命令分解为机器人可以实现的"任务"，这是任务规划。然后机器人针对各个任务进行动作分解，这是动作规划。为了实现机器人的一系列动作，应该对机器人每个关节的运动进行设计，即机器人的轨迹规划。最底层是关节运动的伺服控制。

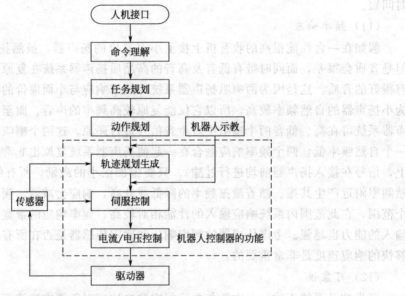

图2-38 机器人控制系统的组成及功能

（1）工业机器人控制系统的主要功能

实际应用的工业机器人，其控制系统并不一定都具有上述所有组成及功能。大部分工业机器人的"任务规划"和"动作规划"是由操作人员完成的，有的甚至连"轨迹规划"也要由人工编程来实现。一般的工业机器人，设计者已经完成轨迹规划的工作，因此操作者只要为机器人设定动作和任务即可。由于工业机器人的任务通常比较专一，为这样的机器人设计任务，对用户来说并不是件困难的事情。工业机器人控制系统的主要功能如下。

① 机器人示教。所谓机器人示教指的是，为了让机器人完成某项作业，把完成该项作业内容的实现方法对机器人进行示教。随着机器人完成的作业内容复杂程度的提高，如果还是采用示教再现方式对机器人进行示教已经不能满足要求了。目前一般都使用机器人语言对机器人进行作业内容的示教。作业内容包括让机器人产生应有的动作，也包括机器人与周边装置的控制和通信等方面的内容。

② 轨迹生成。为了控制机器人在被示教的作业点之间按照机器人语言所描述的指定轨迹运动，必须计算配置在机器人各关节处电机的控制量。

③ 伺服控制。把从轨迹生成部分输出的控制量作为指令值，再把这个指令值与位置和速度等传感器来的信号进行比较，用比较后的指令值控制电机转动，其中应用了软伺服。软伺服的输出是控制电机的速度指令值，或者是电流指令值。在软伺服中，对位置与速度的控制是同时进行的，而且大多数情况下是输出电流指令值。对电流指令值进行控制，本质是进行电机力矩的控制，这种控制方式的优点很多。

④ 电流控制。电流控制模块接受从伺服系统来的电流指令，监视流经电机的电流大小，采用 PWM 方式（脉冲宽度调制方式，pulse width modulation）对电机进行控制。

（2）移动机器人控制系统的任务

移动机器人控制系统是以计算机控制技术为核心的实时控制系统，它的任务就是根据移动机器人所要完成的功能，结合移动机器人的本体结构和机器人的运动方式，实现移动机器人的工作目标。控制系统是移动机器人的大脑，它的优劣决定了机器人的智能水平、工作柔性及灵活性，也决定了机器人使用的方便程度和系统的开放性。

2.6　人机交互系统

人机交互系统是人与机器人进行联系和参与机器人控制的装置。例如：计算机的标准终端、指令控制台、信息显示板、危险信号报警器等。该系统可以分为两大类：指令给定装置和信息显示装置。

2.7　机器人-环境交互系统

机器人-环境交互系统是实现机器人与外部环境中的设备相互联系和协调的系统。机器人与外部设备集成为一个功能单元，如加工制造单元、焊接单元、装配单元等。当然也可以是多台机器人集成为一个去执行复杂任务的功能单元。

机器人常用的传感器

3.1 机器人传感器的分类

机器人根据所完成任务的不同，配置的传感器类型和规格也不尽相同，一般分为内部传感器和外部传感器。表 3-1 和表 3-2 列出了机器人内部传感器和外部传感器的基本形式。

表 3-1 机器人内部传感器的基本种类

内部传感器	基本种类
位置传感器	电位器、旋转变压器、码盘
速度传感器	测速发电机、码盘
加速度传感器	应变片式、伺服式、压电式、电动式
倾斜角传感器	液体式、垂直振子式
力（力矩）传感器	应变式、压电式

表 3-2 机器人外部传感器的基本种类

外部传感器	功能	基本种类
视觉传感器	测量传感器	光学式（点状、线状、圆形、螺旋形、光束）
	识别传感器	光学式、声波式
触觉传感器	触觉传感器	单点式、分布式
	压觉传感器	单点式、高密度集成、分布式
	滑觉传感器	点接触式、线接触式、面接触式
接近度传感器	接近度传感器	空气式、磁场式、电场式、光学式、声波式
	距离传感器	光学式（反射光量、定时、相位信息） 声波式（反射音量、传输时间信息）

所谓内部传感器，就是测量机器人自身状态的功能元件，具体检测的对象有关节的线位移、角位移等几何量，速度、角速度、加速度等运动量，还有倾斜角、方位角、振动等

物理量，即主要用来采集来自机器人内部的信息。而所谓的外部传感器则主要用来采集机器人和外部环境以及工作对象之间相互作用的信息。内部传感器常在控制系统中用作反馈元件，检测机器人自身的状态参数，如关节运动的位置、速度、加速度等；外部传感器主要用来测量机器人周边环境参数，通常跟机器人的目标识别、作业安全等因素有关，如视觉传感器，它既可以用来识别工作对象，也可以用来检测障碍物。从机器人系统的观点来看，外部传感器的信号一般用于规划决策层，也有一些外部传感器的信号被底层的伺服控制层所利用。

内部传感器和外部传感器是根据传感器在系统中的作用来划分的，某些传感器既可当作内部传感器使用，又可以当做外部传感器使用。例如力传感器，用于末端执行器或操作臂的自重补偿中，是内部传感器；用于测量操作对象或障碍物的反作用力时，是外部传感器。

3.2　常用的内部传感器

3.2.1　位置传感器

当前机器人系统中应用的位置传感器一般为编码器。所谓编码器就是将某种物理量转换为数字格式的装置。机器人运动控制系统中编码器的作用是将位置和角度等参数转换为数字量。可采用电接触、磁效应、电容效应和光电转换等机理，形成各种类型的编码器，最常见的编码器是光电编码器。根据其结构形式分类有旋转光电编码器（光电码盘）和直线光电编码器（光栅尺），可分别用于机器人的旋转关节或直线运动关节的位置检测。光电编码器的特征参数是编码器的分辨率，如 800 线/r、1200 线/r、2500 线/r、3600 线/r，甚至更高的分辨率。当然编码器的价格会随分辨率的提高而增加。

图 3-1 所示为透射式旋转光电编码器及其光电转换电路。在与被测轴同心的码盘上刻制了按一定编码规则形成的遮光和透光部分的组合。在码盘的一边是发光管，另一边是光敏器件。码盘随着被测轴的转动使得透过码盘的光束产生间断，通过光电器件的接收和电子线路的处理，产生特定电信号的输出，再经过数字处理可计算出位置和速度信息。光电编码器根据检测角度位置的方式分为绝对型编码器和增量型编码器两种。

（1）绝对型光电编码器

绝对型编码器有绝对位置的记忆装置，能测量旋转轴或移动轴的绝对位置，因此在机器人系统中得到大量应用。对于一直线移动或旋转轴，当编码器的安装位置确定后，绝对的参考零位的位置就确定了。一般情况下，绝对编码器的绝对零位的记忆依靠不间断的供电电源，目前一般使用高效的锂离子电池进行供电。

绝对编码器的码盘由多个同心的码道（track）组成，这些码道沿径向顺序具有各自不同的二进制权值。每个码道上按照其权值划分为遮光和投射段，分别代表二进制的 0 和 1。与码道个数相同的光电器件分别与各自对应的码道对准并沿码盘的半径直线排列。通过这些光电器件的检测可以产生绝对位置的二进制编码。绝对编码器对于转轴的每个位置均产生唯一的二进制编码，因此可用于确定绝对位置。绝对位置的分辨率取决于二进制编码的位数，也即码道的个数。例如一个 10 码道的编码器可以产生

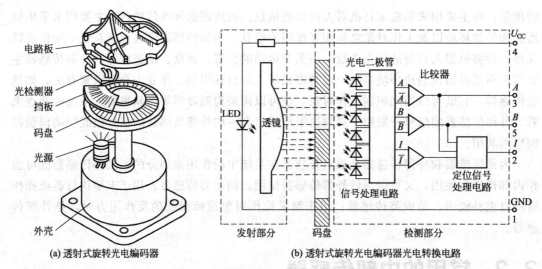

电路板

光检测器
挡板
码盘
光源

外壳

光电二极管
比较器

U_{CC}
4

LED
透镜

A
$\overline{A}$
B
$\overline{B}$
I
$\overline{I}$

A
3
B
5
I
2

信号处理电路

定位信号
处理电路

GND
1

发射部分
码盘
检测部分

(a) 透射式旋转光电编码器

(b) 透射式旋转光电编码器光电转换电路

图 3-1　透射式旋转光电编码器及原理

1024 个位置，角度的分辨率为 $21'6''$，目前绝对编码器已可以做到有 17 个码道，即 17 位绝对编码器。

这里以 4 位绝对码盘来说明旋转式绝对编码器的工作原理，如图 3-2 所示。图 3-2 (a) 的码盘采用标准二进制编码，其优点是可以直接用于进行绝对位置的换算。但是这种码盘在实际中很少采用，因为它在两个位置的边缘交替或来回摆动时，由于码盘制作或光电器件排列的误差会产生编码数据的大幅度跳动，导致位置显示和控制失常。例如在位置 0111 与 1000 的交界处，可能会出现 1111、1110、1011、0101 等数据。因此绝对编码器一般采用图 3-2 (b) 的称为格雷码的循环二进制码盘。

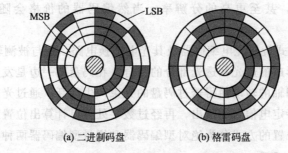

MSB　　　　　LSB

(a) 二进制码盘

(b) 格雷码盘

图 3-2　绝对编码器的码盘

格雷编码的特点是相邻两个数据之间只有一位数据变化，因此在测量过程中不会产生数据的大幅度跳动即通常所谓的不确定或模糊现象。格雷码在本质上是一种对二进制的加密处理，其每位不再具有固定的权值，必须经过一个解码过程转换为二进制码，然后才能得到位置信息。这个解码过程可通过硬件解码器或软件来实现。

绝对编码器的优点是即使静止或关闭后再打开，均可得到位置信息。但其缺点是结构复杂、造价较高。此外其信号引出线随着分辨率的提高而增多。例如 18 位的绝对编码器的输出至少需要 19 根信号线。但是随着集成电路技术的发展，已经有可能将检测机构与信号处理电路、解码电路乃至通信接口组合在一起，形成数字化、智能化或网络化的位置传感器。例如已有集成化的绝对编码器产品将检测机构与数字处理电路集成在一起，其输出信号线数量减少为只有数根，可以是分辨率为 12 位的模拟信号，也可以是串行数据。

（2）增量型旋转光电编码器

增量型光电编码器是普遍的编码器类型，这种编码器在一般机电系统中的应用非常广泛。对于一般的伺服电机，为了实现闭环控制，与电机同轴安装有光电编码器，可实现电机的精确运动控制。增量型编码器能记录旋转轴或移动轴的相对位置变化量，却不能给出运动轴的绝对位置，因此这种光电编码器通常用于定位精度不高的机器人，如喷涂、搬运、码垛机器人等。

增量编码器的码盘如图 3-3 所示。在现代高分辨率码盘上，透射和遮光部分都是很细的窄缝和线条，因此也被称为圆光栅。相邻的窄缝之间的夹角称为栅距角，透射窄缝和遮光部分大约各占栅距角的 1/2。码盘的分辨率以每转计数表示，也即码盘旋转一周在光电检测部分可产生的脉冲数。在码盘上往往还另外安排一个（或一组）特殊的窄缝，用于产生定位（index）或零位（zero）信号。测量装置或运动控制系统可以利用这个信号产生回零或复位操作。

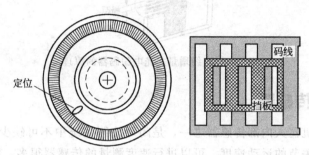

图 3-3　增量型光电编码器的码盘与挡板

如果不增加光学聚焦放大装置，让光电器件直接面对这些光栅，那么由于光电器件的几何尺寸远远大于这些栅线，即使码盘动作，光电器件的受光面积上得到的总是透光部分与遮光部分的平均亮度，导致通过光电转换得到的电信号不会有明显的变化，不能得到正确的脉冲波形。为了解决这个问题（如图 3-3 所示），在光路中增加一个固定的与光电器件的感光面几何尺寸相近的挡板（mask），挡板上安排若干条几何尺寸与码盘主光栅相同的窄缝。当码盘运动时，主光栅与挡板光栅的覆盖就会变化，导致光电器件上的受光量产生明显的变化，从而通过光电转换检测出位置的变化。

从原理上分析，光电器件输出的电信号应该是三角波。但是由于运动部分和静止部分之间的间隙所导致的光线衍射和光电器件的特性，使得到的波形近似于正弦波，而且其幅度与码盘的分辨率无关。

（3）直线式光电编码器（光栅尺）

直线式光电编码器的工作原理与旋转式光电编码器的工作原理是非常相似的，甚至可以将直线光电编码器理解为旋转光电编码器的编码部分由环形拉直而演变成直尺形。直线光电编码器同样可以制作为增量式和绝对式。这里只简要介绍直线增量式光电编码器，它与旋转式光电编码器的区别是直线编码器的分辨率以栅距表示，而不是旋转编码器的每转脉冲数。

直线增量式编码器的工作原理如图 3-4 所示。从图中可以看到光源经透镜形成平行光束，经过指示光栅（又称扫描光栅、定位光栅）照射到标尺光栅（又称主动光栅、动光栅）上。这里的指示光栅与前面介绍的旋转编码器中挡板的作用相同，可以制作为一个整体。透过光栅组合的光线在对应的光电器件上产生 A、B、$\overline{A}$、$\overline{B}$ 和零位 5 个信号。

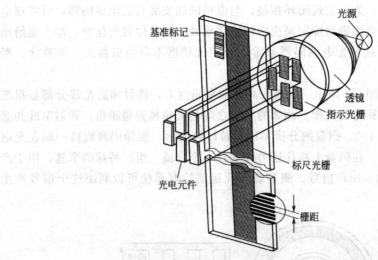

图 3-4　直线增量式光电编码器的原理

3.2.2　速度传感器

速度传感器是机器人内部传感器之一，是闭环控制系统中不可缺少的重要组成部分，它用来测量机器人关节的运动速度。可以进行速度测量的传感器很多，例如进行位置测量的传感器大多可同时获得速度的信息。但是应用最广泛，能直接得到代表转速的电压且具有良好的实时性的速度测量传感器是测速发电机。在机器人控制系统中，以速度为首要目标进行伺服控制并不常见，更常见的是机器人的位置控制。当然如果需要考虑机器人运动过程的品质时，速度传感器甚至加速度传感器都是需要的。这里仅介绍在机器人控制中普遍采用的几种速度测量传感器，这些速度传感器根据输出信号的形式可分为数字式和模拟式两种。

(1) 模拟式速度传感器

测速发电机是最常用的一种模拟式速度测量传感器，它是一种小型永磁式直流发电机。其工作原理是基于当励磁磁通恒定时，其输出电压和转子转速成正比，即

$$U=kn$$

式中，U 为测速发电机输出电压，V；n 为测速发电机转速，r/min；k 为比例系数。

当有负载时，电枢绕组流过电流，由于电枢反应而使输出电压降低。若负载较大，或者测量过程中负载变化，则破坏了线性特性而产生误差。为减少误差，必须使负载尽可能地小而且性质不变。测速发电机总是与驱动电动机同轴连接，这样就测出了驱动电动机的瞬时速度。它在机器人控制系统中的应用如图 3-5 所示。

(2) 数字式速度传感器

在机器人控制系统中，增量式编码器一般用作位置传感器，但也可以用作速度传感器。当把一个增量式编码器用作速度检测元件时，有两种使用方法。

① 模拟式方法。在这种方式下，关键是需要一个 F/V 转换器，它必须有尽量小的温

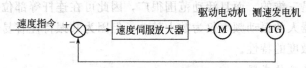

图 3-5　测速发电机在控制系统中的应用

度漂移和良好的零输入输出特性，用它把编码器的脉冲频率输出转换成与转速成正比的模拟电压，它检测的是电动机轴上的瞬时速度，如图 3-6 所示。

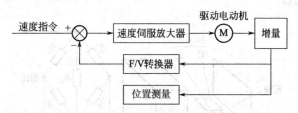

图 3-6　增量编码器用作速度传感器示意

② 数字式方法。编码器是数字元件，它的脉冲个数代表了位置，而单位时间里的脉冲个数表示这段时间里的平均速度。显然单位时间越短，越能代表瞬时速度，但在太短的时间里，只能记到几个编码器脉冲，因而降低了速度分辨率。目前在技术上有多种办法能够解决这个问题。例如，可以采用两个编码器脉冲为一个时间间隔，然后用计数器记录在这段时间里高速脉冲源发出的脉冲数，其原理如图 3-7 所示。

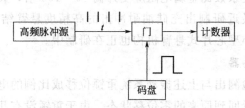

图 3-7　利用编码器的测速原理

设编码器每转输出 1000 个脉冲，高速脉冲源的周期为 0.1ms，门电路每接受一个编码器脉冲就开启，再接到一个编码器脉冲就关闭，这样周而复始，也就是门电路开启时间是两个编码器脉冲的间隔时间。如计数器的值为 100，则

编码器角位移 $\Delta\theta = \dfrac{2}{1000} \times 2\pi$

时间增量 $\Delta t =$ 脉冲源周期 $\times$ 计数值 $= 0.1\text{ms} \times 100 = 10\text{ms}$

速度 $\dot\theta = \dfrac{\Delta\theta}{\Delta t} = \left(\dfrac{2}{1000} \times 2\pi\right) / (10 \times 10^{-3}) = 1.26(\text{r/s})$

3.2.3　加速度传感器

随着机器人的高速化、高精度化，由机械运动部分刚性不足所引起的振动问题开始得到关注。作为抑制振动问题的对策，有时在机器人的各杆件上安装加速度传感器，测量振动加速度，并把它反馈到杆件底部的驱动器上，有时把加速度传感器安装在机器人末端执行器上，将测得的加速度进行数值积分，加到反馈环节中，以改善机器人的性能。从测量振动的目的出发，加速度传感器日趋受到重视。

机器人的动作是三维的，而且活动范围很广，因此可在连杆等部位直接安装接触式振动传感器。虽然机器人的振动频率仅为数十赫兹，但因为共振特性容易改变，所以要求传感器具有低频高灵敏度的特性。

（1）应变片加速度传感器

Ni-Cu 或 Ni-Cr 等金属电阻应变片加速度传感器是一个由板簧支承重锤所构成的振动系统，板簧上下两面分别贴两个应变片（见图 3-8）。应变片受振动产生应变，其电阻值的变化通过电桥电路的输出电压被检测出来。除了金属电阻外，Si 或 Ge 半导体压阻元件也可用于加速度传感器。

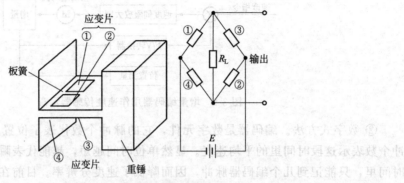

图 3-8　应变片加速度传感器

半导体应变片的应变系数比金属电阻应变片高 50～100 倍，灵敏度很高，但温度特性差，需要加补偿电路。最近研制出充硅油耐冲击的高精度悬臂结构（重锤的支承部分），包含信号处理电路的超小型芯片式悬臂机构也正在研制中。

（2）伺服加速度传感器

伺服加速度传感器检测出与上述振动系统重锤位移成比例的电流，把电流反馈到恒定磁场中的线圈，使重锤返回到原来的零位移状态。由于重锤没有几何位移，因此这种传感器与前一种相比，更适用于较大加速度的系统。

首先产生与加速度成比例的惯性力 F，它和电流 i 产生的复原力保持平衡。根据弗莱明左手定则，F 和 i 成正比（比例系数为 K），关系式为 $F=ma=Ki$。这样，根据检测的电流 i 可以求出加速度。

（3）压电加速度传感器

压电加速度传感器利用具有压电效应的物质，将产生加速度的力转换为电压。这种具有压电效应的物质，受到外力发生机械形变时，能产生电压；反之，外加电压时，也能产生机械形变。压电元件大多具有高介电系数的铬钛酸铅材料制成。

设压电常数为 d，则加在元件上的应力 F 和产生电荷 Q 的关系式为 $Q=dF$。

设压电元件的电容为 C，输出电压为 U，则 $U=Q/C=dF/C$，其中 U 和 F 在很大动态范围内保持线性关系。

压电元件的形变有三种基本模式：压缩形变、剪切形变和弯曲形变，如图 3-9 所示。图 3-10 是利用剪切方式的加速度传感器结构图。传感器中一对平板形或圆筒形压电元件在轴对称位置上垂直固定着，压电元件的剪切压电常数大于压电常数，而且不受横向加速度的影响，在一定的高温下仍能保持稳定的输出。

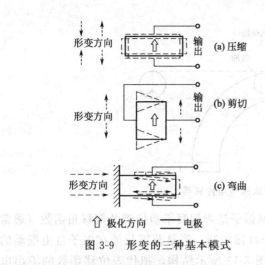

图 3-9 形变的三种基本模式

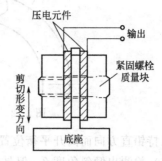

图 3-10 剪切方式的加速度传感器

3.2.4 倾斜角传感器

倾斜角传感器测量重力的方向,应用于机器人末端执行器或移动机器人的姿态控制中。根据测量原理不同,倾斜角传感器分为液体式和垂直振子式等。

(1) 液体式

液体式倾斜角传感器分为气泡位移式、电解液式、电容式和磁流体式等,下面仅介绍其中的气泡位移和电解液式倾斜角传感器。图 3-11 为气泡位移式倾斜角传感器的结构及测量原理。半球状容器内封入含有气泡的液体,对准上面的 LED 发出的光。容器下面分成四部分,分别安装四个光电二极管,用以接收透射光。液体和气泡的透光率不同。液体在光电二极管上投影的位置,随传感器倾斜角度而改变。因此,通过计算对角的光电二极管感光量的差分,可测量出二维倾斜角。该传感器测量范围为 20°左右,分辨率可达 0.001°。

电解液式倾斜角传感器的结构如图 3-12 所示,在管状容器内封入 KCL 之类的电解液和气体,并在其中插入三个电极,容器倾斜时,溶液移动,中央电极和两端电极间的电阻及电容量改变,使容器相当于一个阻抗可变的元件,可用交流电桥电路进行测量。

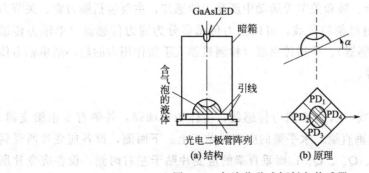

图 3-11 气泡位移式倾斜角传感器

(2) 垂直振子式

图 3-13 是垂直振子式倾斜角传感器的原理图。振子由挠性薄片悬起,传感器倾斜时,

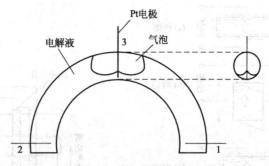

图 3-12　电解液式倾斜角传感器

振子为了保持铅直方向而离开平衡位置，根据振子是否偏离平衡位置及偏移角函数（通常是正弦函数）检测出倾斜角度 θ。但是，由于容器限制，测量范围只能在振子自由摆动的允许范围内，不能检测过大的倾斜角度。按图 3-13 所示结构，把代表位移函数的输出电流反馈到转矩线圈中，使振子返回到平衡位置。这时，振子产生的力矩 M 为 $M=mgl\sin\theta$，转矩 T 为 $T=Ki$。在平衡状态下应有 $M=T$，于是得到

$$\theta=\arcsin\frac{Ki}{mgl} \tag{3-1}$$

根据测出的线圈电流，可求出倾斜角。

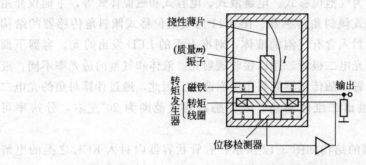

图 3-13　垂直振子式倾斜角传感器

3.2.5　力觉传感器

力觉是指对机器人的指、肢和关节等运动中所受力的感知，主要包括腕力觉、关节力觉和支座力觉等。根据被测对象的负载，可以把力传感器分为测力传感器（单轴力传感器）、力矩表（单轴力矩传感器）、手指传感器（检测机器人手指作用力的超小型单轴力传感器）和六轴力觉传感器等。

（1）筒式腕力传感器

图 3-14 所示为一种筒式 6 自由度腕力传感器，主体为铝圆筒，外侧有 8 根梁支撑，其中 4 根为水平梁，4 根为垂直梁。水平梁的应变片贴于上、下两侧，设各应变片所受到的应变量分别为 Q_x^+、Q_y^+、Q_x^-、Q_y^-；而垂直梁的应变片贴于左右两侧，设各应变片所受到的应变量分别为 P_x^+、P_y^+、P_x^-、P_y^-。那么，施加于传感器上的 6 维力，即 x、y、z 方向的力 F_x、F_y、F_z 以及 x、y、z 方向的转矩 M_x、M_y、M_z 可以用下列关系式计算，即

$$
\left.
\begin{aligned}
F_x &= K_1(P_y^+ + P_y^-) \\
F_y &= K_2(P_x^+ + P_x^-) \\
F_z &= K_3(Q_x^+ + Q_x^- + Q_y^+ + Q_y^-) \\
M_x &= K_4(Q_y^+ - Q_y^-) \\
M_y &= K_5(-Q_x^+ - Q_x^-) \\
M_z &= K_6(P_x^+ - P_x^- - P_y^+ + P_y^-)
\end{aligned}
\right\}
\tag{3-2}
$$

式中，K_1、K_2、K_3、K_4、K_5、K_6 为比例系数，与各根梁所贴应变片的应变灵敏度有关，应变量由贴在每根梁两侧的应变片构成的半桥电路测量。

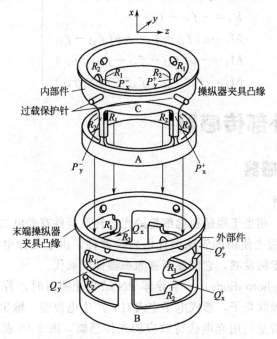

图 3-14　筒式 6 自由度腕力传感器

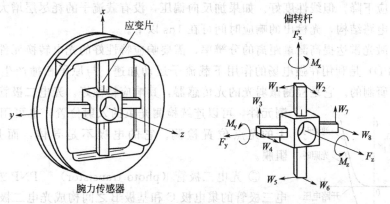

图 3-15　挠性十字梁式腕力传感器

（2）十字腕力传感器

图 3-15 所示为挠性十字梁式腕力传感器，用铝材切成十字框架，各悬梁外端插入圆形手腕框架的内侧孔中，悬梁端部与腕框架的接合部装有尼龙球，目的是为使悬梁易于伸

47

缩。此外，为了增加其灵敏性，在与梁相接处的腕框架上还切出窄缝。十字形悬梁实际上是一整体，其中央固定在手腕轴向。

应变片贴在十字梁上，每根梁的上下左右侧面各贴一片应变片。相对面上的两片应变片构成一组半桥，通过测量一个半桥的输出，即可检测一个参数。整个手腕通过应变片可检测出 8 个参数：f_{x1}、f_{x3}、f_{y1}、f_{y2}、f_{y3}、f_{y4}、f_{z2}、f_{z4}，利用这些参数可计算出手腕顶端 x、y、z 方向的力 F_x、F_y、F_z 以及 x、y、z 方向的转矩 M_x、M_y、M_z，见式 (3-3)。

$$\left.\begin{aligned}
F_x &= f_{x1} - f_{x3} \\
F_y &= f_{y1} - f_{y2} - f_{y3} - f_{y4} \\
F_z &= -f_{z2} - f_{z4} \\
M_x &= a(f_{z2} + f_{z4}) + b(f_{y1} - f_{y4}) \\
M_y &= -b(f_{x1} - f_{x3} - f_{z2} + f_{z4}) \\
M_z &= -a(f_{x1} + f_{x3} + f_{z2} - f_{z4})
\end{aligned}\right\} \tag{3-3}$$

3.3 常用外部传感器

3.3.1 视觉传感器

（1）光电转换器件

人工视觉系统中，相当于眼睛视觉细胞的光电转换器件有光电二极管、光电三极管和 CCD 图像传感器等。过去使用的管球形光电转换器件，由于工作电压高、耗电量多、体积大，随着半导体技术的发展，它们逐渐被固态器件所取代。

① 光电二极管（photo diode）　半导体 PN 结受光照射时，若光子能量大于半导体材料的禁带宽度，则吸收光子，形成电子空穴对，产生电位差，输出与入射光量相应的电流或电压。光电二极管是利用光电伏特效应的光传感器，图 3-16 表示它的伏安特性。光电二极管使用时，一般加反向偏置电压，不加偏压也能使用。零偏置时，PN 结电容变大，频率响应下降，但线性度好。如果加反向偏压，没有载流子的耗尽层增大，响应特性提高。根据电路结构，光检出的响应时间可在 1ns 以下。

为了用激光雷达提高测量距离的分辨率，需要响应特性好的光电转换元件。雪崩光电二极管（APD）是利用在强电场的作用下载流子运动加速，与原子相撞产生电子雪崩的放大原理而研制的。它是检测微弱光的光传感器，其响应特性好。光电二极管作为位置检测元件，可以连续检测光束的入射位置，也可用于二维平面上的光点位置检测。它的电极不是导体，而是均匀的电阻膜。

② 光电三极管（photo transistor）　PNP 或 NPN 型光电三极管的集电极 C 和基极 B 之间构成光电二极管。受光照射时，反向偏置的基极和集电极之间产生电流，放大的电流流过集电极和发射极。因为光电三极管具有放大功能，所以产生的光电流是光电二极管的 100～1000 倍，响应时间为微秒数量级。

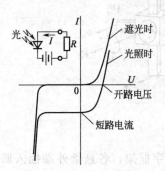

图 3-16　光电二极管的特性

③ CCD 图像传感器　CCD 是电荷耦合器件（charge coupled device）的简称，是通过势阱进行存储、传输电荷的元件。CCD 图像传感器采用 MOS 结构，内部无 PN 结，如图 3-17 所示，P 型硅衬底上有一层 SiO_2 绝缘层，其上排列着多个金属电极。在电极上加正电压，电极下面产生势阱，势阱的深度随电压而变化。如果依次改变加在电极上的电压，势阱则随着电压的变化而发生移动，于是注入势阱中的电荷发生转移。根据电极的配置和驱动电压相位的变化，有二相时钟驱动和三相时钟驱动的传输方式。

CCD 图像传感器在一硅衬底上配置光敏元件和电荷转移器件。通过电荷的依次转移，将多个像素的信息分时、顺序地取出来。这种传感器有一维的线型图像传感器和二维的面型图像传感器。二维面型图像传感器需要进行水平与垂直两个方向扫描，有帧转移方式和行间转移方式，其原理如图 3-18 所示。

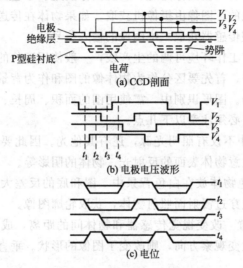

图 3-17　CCD 图像传感器

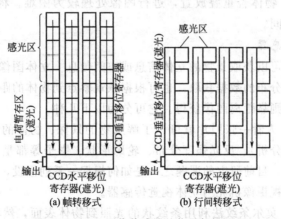

图 3-18　CCD 图像传感器的信号扫描原理

④ MOS 图像传感器　光电二极管和 MOS 场效应管成对地排列在硅衬底上，构成 MOS 图像传感器。通过选择水平扫描线和垂直扫描线来确定像素的位置，使两个扫描线的交点上的场效应管导通，然后从与之成对的光电二极管取出像素信息。扫描是分时按顺序进行的。

⑤ 工业电视摄像机　工业电视摄像机由二维面型图像传感器和扫描电路等外围电路

49

组成。只要接上电源，摄像机就能输出被摄图像的标准电视信号。大多数摄像机镜头可以通过一个叫做 C 透镜接头的 0.5in（1in＝2.54cm）的螺纹来更换。为了实现透镜的自动聚焦，多数摄影透镜带有自动光圈的驱动端子。现在市场上出售的摄像机中，有的带有外部同步信号输入端子，用于控制垂直扫描或水平垂直扫描；有的可以改变 CCD 的电荷积累时间，以缩短曝光时间。彩色摄像机中，多数是在图像传感器上镶嵌配置红（R）、绿（G）、蓝（B）色滤色器以提取颜色信号的单板式摄像机。光源不同而需调整色彩时，方法很简单，通过手动切换即可。

（2）二维视觉传感器

视觉传感器分为二维视觉和三维视觉传感器两大类。二维视觉传感器是获取景物图形信息的传感器。处理方法有二值图像处理、灰度图像处理和彩色图像处理，它们都是以输入的二维图像为识别对象的。图像由摄像机获取，如果物体在传送带上以一定速度通过固定位置，也可用一维线型传感器获取二维图像的输入信号。

对于操作对象限定、工作环境可调的生产线，一般使用廉价的、处理时间短的二值图像视觉系统。图像处理中，首先要区分作为物体像的图和作为背景像的底两大部分。图和底的区分还是容易处理的。图形识别中，需使用图的面积、周长、中心位置等数据。为了减小图像处理的工作量，必须注意以下几点。

① 照明方向 环境中不仅有照明光源，还有其他光。因此要使物体的亮度、光照方向的变化尽量小，就要注意物体表面的反射光、物体的阴影等。

② 背景的反差 黑色物体放在白色背景中，图和底的反差大，容易区分。有时把光源放在物体背后，让光线穿过漫射面照射物体，获取轮廓图像。

③ 视觉传感器的位置 改变视觉传感器和物体间的距离，成像大小也相应地发生变化。获取立体图像时若改变观察方向，则改变了图像的形状。垂直方向观察物体，可得到稳定的图像。

④ 物体的放置 物体若重叠放置，进行图像处理较为困难。将各个物体分开放置，可缩短图像处理的时间。

（3）三维视觉传感器

三维视觉传感器可以获取景物的立体信息或空间信息。立体图像可以根据物体表面的倾斜方向、凹凸高度分布的数据获取，也可根据从观察点到物体的距离分布情况，即距离图像得到。空间信息则靠距离图像获得。它可分为以下几种。

① 单眼观测法 人看一张照片就可以了解景物的景深、物体的凹凸状态。可见，物体表面的状态（纹理分析）、反光强度分布、轮廓形状、影子等都是一张图像中存在的立体信息的线索。因此，目前研究的课题之一是如何根据一系列假设，利用知识库进行图像处理，以便用一个电视摄像机充当立体视觉传感器。

② 莫尔条纹法 莫尔条纹法利用条纹状的光照到物体表面，然后在另一个位置上透过同样形状的遮光条纹进行摄像。物体上的条纹像和遮光像产生偏移，形成等高线图形，即莫尔条纹。根据莫尔条纹的形状得到物体表面凹凸的信息。根据条纹数可测得距离，但有时很难确定条纹数。

③ 主动立体视觉法 光束照在目标物体表面上，在与基线相隔一定距离的位置上摄取物体的图像，从中检测出光点的位置，然后根据三角测量原理求出光点的距离。这种获得立体信息的方法就是主动立体视觉法。

④ 被动立体视觉法　被动立体视觉法就像人的两只眼睛一样，从不同视线获取的两幅图像中，找到同一个物点的像的位置，利用三角测量原理得到距离图像。这种方法虽然原理简单，但是在两幅图像中检出同一物点的对应点是非常困难的。

⑤ 激光雷达　用激光代替雷达电波，在视野范围内扫描，通过测量反射光的返回时间得到距离图像。它又可分为两种方法：一种发射脉冲光束，用光电倍增管接收反射光，直接测量光的返回时间；另一种发射调幅激光，测量反射光调制波形相位的滞后。为了提高距离分辨率，必须提高反射光检测的时间分辨率，因此需要尖端电子技术。

3.3.2　触觉传感器

人的触觉包括接触觉、压觉、冷热觉、滑动觉、痛觉等，这些感知能力对于人类是非常重要的，是其他感知能力（如视觉）所不能完全替代的。接触觉感知是否与其他物体接触，在机器人中使用触觉传感器主要有三个方面作用。第一，使操作动作适宜，如感知手指同对象物之间的作用力，便可判定动作是否适当。还可以用这种力作为反馈信号，通过调整使给定的作业程序实现灵活的动作控制。这一作用是视觉无法代替的。第二，识别操作对象的属性，如大小、质量、硬度等。有时也可以代替视觉进行一定程度的形状识别，在视觉无法起作用的场合，这一点很重要。第三，用以躲避危险、障碍物等以防止事故，相当于人的痛觉。

最简单也是最早使用的触觉传感器是微动开关。它工作范围宽，不受电、磁干扰，简单、易用、成本低。单个微动开关通常工作在开、关状态，可以二位方式表示是否接触。如果仅仅需要检测是否与对象物体接触，这种二位微动开关能满足要求。但是如果需要检测对象物体的形状时，就需要在接触面上高密度地安装敏感元件，微动开关虽然可以很小，但是与高度灵敏的触觉传感器的要求相比，这种开关式的微动开关还是太大了，无法实现高密度安装。

导电合成橡胶是一种常用的触觉传感器敏感元件，它是在硅橡胶中添加导电颗粒或半导体材料（如银或碳）构成的导电材料。这种材料价格低廉、使用方便、有柔性，可用于机器人多指灵巧手的手指表面。导电合成橡胶有多种工业等级，这类导电橡胶变压时其体电阻的变化很小，但是接触面积和反向接触电阻都随外力大小而发生较大变化。利用这一原理制作的触觉传感器可实现在 $1cm^2$ 面积内有 256 个触觉敏感单元，敏感范围达到 $1\sim100g$。

图 3-19 所示是一种采用 D-截面导电橡胶线的压阻触觉传感器，用相互垂直的两层导电橡胶线实现行、列交叉定位。当增加正压力时，D-截面导电橡胶发生变形，接触面积增大，接触电阻减小，从而实现触觉传感。

另一类常用的触觉敏感元件是半导体应变计。金属和半导体的压阻元件都已经被用于构成触觉传感器阵列。用得最多的是金属箔应变计，特别是它们跟变形元件粘贴在一起可将外力变换成应变，因此进行测量的应变计用得更多。利用半导体技术可在硅等半导体上制作应变元件，甚至信号调节电路也可制作在同一硅片上。硅触觉传感器有线性度好，滞后和蠕变小，以及可将多路调制、线性化和温度补偿电路制作在硅片内等优点。缺点是传感器容易发生过载。另外硅集成电路的平面导电性也限制了它在机器人灵巧手指尖形状传感器中的应用。

某些晶体具有压电效应，因此也可作为一类触觉敏感元件，但是晶体一般有脆性，难

51

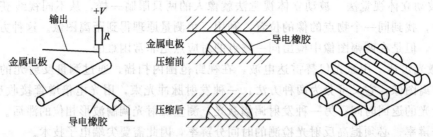

图 3-19　D-截面导电橡胶触觉传感器

以直接制作触觉或其他传感器，1969 年发现的 PVF_2（聚偏二氟乙烯）等聚合物有良好的压电性，特别是柔性好，因此是理想的触觉传感器材料。当然制作机器人触觉传感器的方法和依据还有很多，如通过光学、磁、电容、超声、化学等原理，都可能开发出机器人触觉传感器。

（1）压电传感器

常用的压电晶体是石英晶体，它受到压力后会产生一定的电信号。石英晶体输出的电信号强弱是由它所受到的压力值决定的，通过检测这些电信号的强弱，能够检测出被测物体所受到的力。压电式力传感器不但可以测量物体受到的压力，也可以测量拉力。在测量拉力时，需要给压电晶体一定的预紧力。因为压电晶体不能承受过大的应变，所以它的测量范围较小。在机器人应用中，一般不会出现过大的力，因此，采用压电式力传感器比较适合。压电式传感器安装时，与传感器表面接触的零件应具有良好的平行度和较低的表面粗糙度，其硬度也应低于传感器接触表面的硬度，保证预紧力垂直于传感器表面，使石英晶体上产生均匀的分布压力。图 3-20 所示为一种三分力压电传感器。它由三对石英晶片组成，能够同时测量三个方向的作用力。其中上、下两对晶片利用晶体的剪切效应，分别测量 x 方向和 y 方向的作用力；中间一对晶片利用晶体的纵向压电效应，测量 z 方向的作用力。

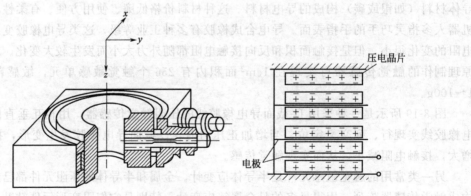

图 3-20　三分力压电传感器

（2）光纤压觉传感器

图 3-21 所示光纤压力传感器单元基于全内反射破坏原理，是实现光强度调制的高灵敏度光纤传感器。发送光纤与接收光纤由一个直角棱镜连接，棱镜斜面与位移膜片之间气隙约 $0.3\mu m$。在膜片的下表面镀有光吸收层，膜片受压力向下移动时，棱镜斜面与光吸收层间的气隙发生改变，从而引起棱镜界面内全内反射的局部破坏，使部分光离开上界面

进入吸收层并被吸收，因而接收光纤中的光强相应发生变化。光吸收层可选用玻璃材料或可塑性好的有机硅橡胶，采用镀膜方法制作。

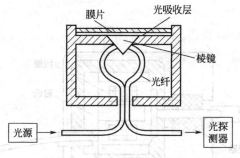

图 3-21　光纤压力传感器单元

当膜片受压时，便产生弯曲变形，对于周边固定的膜片，在小挠度时（$W \leqslant 0.5t$），膜片中心挠度按下式计算，即

$$W = \frac{3(1-\mu^2)a^4 p}{16Et^3} \qquad (3-4)$$

式中，W 为膜片中心挠度；E 为弹性模量；t 为膜片厚度；μ 为泊松比；p 为压力；a 为膜片有效半径。

式（3-4）表明，在小载荷条件下，膜片中心位移与所受压力成正比。

（3）滑觉传感器

机器人在抓取未知属性的物体时，其自身应能确定最佳握紧力的给定值。当握紧力不够时，要检测被握紧物体的滑动，利用该检测信号，在不损坏物体的前提下，考虑最可靠的夹持方法，实现此功能的传感器称为滑觉传感器。

滑觉传感器有滚动式和球式，还有一种通过振动检测滑觉的传感器。物体在传感器表面上滑动时，和滚轮或环相接触，把滑动变成转动。图 3-22 所示为南斯拉夫贝尔格莱德大学研制的球式滑觉传感器，由一个金属球和触针组成。金属球表面分成多个相间排列的导电和绝缘格子，触针头部细小，每次只能触及一个方格。当工件滑动时，金属球也随之转动，在触针上输出脉冲信号，脉冲信号的频率反映了滑移速度，而脉冲信号的个数对应滑移距离。

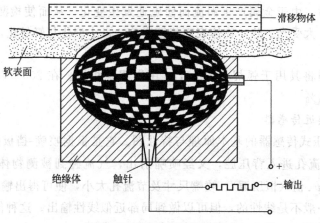

图 3-22　球式滑觉传感器

图 3-23 所示为振动式滑觉传感器，钢球指针伸出传感器与物体接触。当工件运动时，指针振动，线圈输出信号。使用橡胶和油作为阻尼器，可降低传感器对机械手本身振动的敏感度。

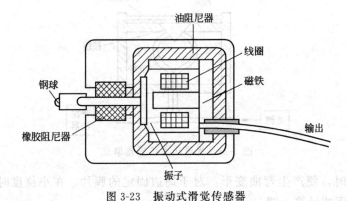

图 3-23　振动式滑觉传感器

3.3.3　接近度传感器

接近度传感器是机器人用以探测自身与周围物体之间相对位置和距离的传感器。它的使用对机器人工作过程中适时地进行轨迹规划与防止事故发生具有重要意义。它主要起以下 3 个方面的作用。

① 在接触对象物前得到必要的信息，为后面动作做准备。

② 发现障碍物时，改变路径或停止，以免发生碰撞。

③ 得到对象物体表面形状的信息。

根据感知范围（或距离），接近度传感器大致可分为 3 类：感知近距离物体（毫米级）的有磁力式（感应式）、气压式、电容式等；感知中距离（30cm 以内）物体的有红外光电式；感知远距离（30cm 以外）物体的有超声式和激光式。视觉传感器也可作为接近度传感器。

（1）磁力式接近传感器

图 3-24 所示为磁力式传感器结构原理。它由励磁线圈 C_0 和检测线圈 C_1 及 C_2 组成，C_1、C_2 的圈数相同，接成差动式。当未接近物体时由于构造上的对称性，输出为 0，当接近物体（金属）时，由于金属产生涡流而使磁通发生变化，从而使检测线圈输出产生变化。这种传感器不大受光、热、物体表面特征影响，可小型化与轻量化，但只能探测金属对象。

日本日立公司将其用于弧焊机器人上，用以跟踪焊缝。在 200℃ 以下探测距离 0～8mm，误差只有 4%。

（2）气压式接近传感器

图 3-25 为气压式传感器的基本原理与特性图。它是根据喷嘴-挡板作用原理设计的。气压源 p_V 经过节流孔进入背压腔，又经喷嘴射出，气流碰到被测物体后形成背压输出 p_A。合理地选择 p_V 值（恒压源）、喷嘴尺寸及节流孔大小，便可得出输出 p_A 与距离 x 之间的对应关系，一般不是线性的，但可以做到局部近似线性输出。这种传感器具有较强防火、防磁、防辐射能力，但要求气源保持一定程度的净化。

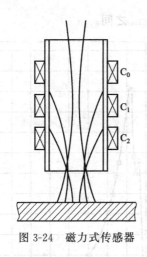

图 3-24　磁力式传感器

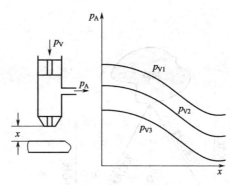

图 3-25　气压式传感器

(3) 红外式接近传感器

红外传感器是一种比较有效的接近传感器，传感器发出的光的波长大约在几百纳米范围内，是短波长的电磁波。它是一种辐射能转换器，主要用于将接收到的红外辐射能转换为便于测量或观察的电能、热能等其他形式的能量。根据能量转换方式，红外探测器可分为热探测器和光子探测器两大类。红外传感器具有不受电磁波干扰、非噪声源、可实现非常接触性测量等特点。另外，红外线（指中、远红外线）不受周围可见光的影响，故在昼夜都可进行测量。

同声呐传感器相似，红外传感器工作处于发射/接收状态。这种传感器由同一发射源发射红外线，并用两个光检测器测量反射回来的光量。由于这些仪器测量光的差异，它们受环境的影响非常大，物体的颜色、方向、周围的光线都能导致测量误差。但由于发射光线是光而不是声音，可以在相当短的时间内获得较多的红外线传感器测量值，测距范围较近。

现介绍基于三角测量原理的红外传感器测距。即红外发射器按照一定的角度发射红外光束，当遇到物体以后，光束会反射回来，如图 3-26 所示。反射回来的红外光线被 CCD 检测器检测到以后，会获得一个偏移值 L，利用三角关系，在知道了发射角度 α，偏移距离 L，中心距 X，以及滤镜的焦距 f 以后，传感器到物体的距离 D 就可以通过几何关系计算出来了。

可以看到，当 D 的距离足够近时，L 值会相当大，超过 CCD 的探测范围，这时，虽然物体很近，但是传感器反而看不到了。当物体距离 D 很大时，L 值就会很小。这时 CCD 检测器能否分辨得出这个很小的 L 值成为关键，也就是说 CCD 的分辨率决定能不能获得足够精确的 L 值。要检测越远的物体，CCD 的分辨率要求就越高。

该传感器的输出是非线性的。从图 3-27 中可以看到，当被探测物体的距离小于 10cm 时，输出电压急剧下降，也就是说从电压读数来看，物体的距离应该是越来越远了。但是实际上并不是这样，如果机器人本来正在慢慢地靠近障碍物，突然探测不到障碍物，一般来说，控制程序会让机器人以全速移动，结果就是机器人撞到障碍物。解决这个问题的方法是需要改变一下传感器的安装位置，使它到机器人的外围的距离大于最小探测距离，如图 3-28 所示。受器件特性的影响，红外传感器抗干扰性差，即容易受各种热源和环境光线影响。探测物体的颜色、表面光滑程度不同，反射回的红外线强弱就会有所不同。并且由于传感器功率因素的影响，其探测距离一般在 10～500cm 之间。

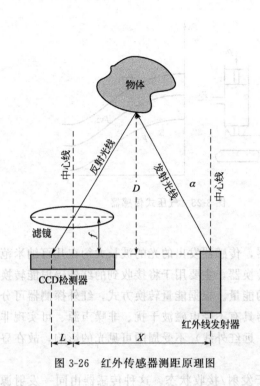

图 3-26　红外传感器测距原理图

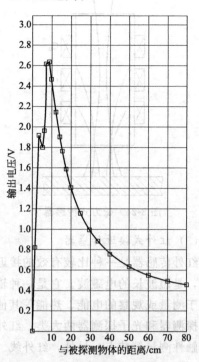

图 3-27　红外传感器非线性输出图

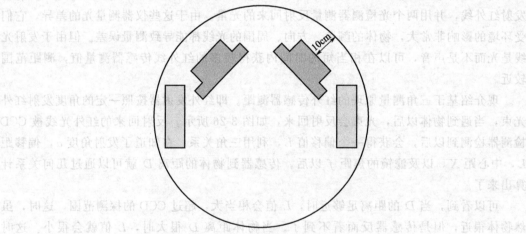

图 3-28　红外传感器的安装位置

（4）超声波距离传感器

超声波接近传感器用于机器人对周围物体的存在与距离的探测。尤其对移动式机器人，安装这种传感器可随时探测前进道路上是否出现障碍物，以免发生碰撞。

超声波是人耳听不见的一种机械波，其频率在 20kHz 以上，波长较短，绕射小，能够作为射线而定向传播。超声波传感器由超声波发生器和接收器组成。超声波发生器有压电式、电磁式及磁滞伸缩式等。在检测技术中最常用的是压电式。压电式超声波传感器，就是利用了压电材料的压电效应，如石英、电气石等。逆压电效应将高频电振动转换为高频机械振动，以产生超声波，可作为"发射"探头。利用正压电效应则将接收的超声振动转换为电信号，可作为"接收"探头。

由于用途不同，压电式超声传感器有多种结构形式。图 3-29 所示为其中一种，即所谓双探头（一个探头发射，另一个探头接收）。带有晶片座的压电晶片装入金属壳体内，压电晶片两面镀有银层，作为电极板，底面接地，上面接有引出线。阻尼块（或称吸收块）的作用是降低压电片的机械品质因素，吸收声能量，防止电脉冲振荡停止时，压电片因惯性作用而继续振动。阻尼块的声阻抗等于压电片声阻抗时，效果最好。

超声波距离传感器的检测方式有脉冲回波式（见图 3-30）以及 FM-CW 式（频率调制、连续波）(见图 3-31) 两种。

在脉冲回波式中，先将超声波用脉冲调制后发射，根据经被测物体反射回来的回波延迟时间 Δt，可以计算出被测物体的距离 L。设空气中的声速为 v，如果空气温度为 $T℃$，则声速为 $v=331.5+0.607T$，被测物体与传感器间的距离为

$$L = v\Delta t/2 \tag{3-5}$$

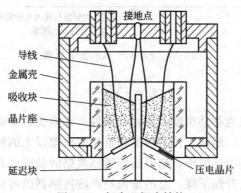

图 3-29　超声双探头结构

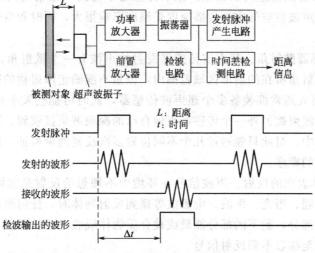

图 3-30　脉冲回波式的检测原理

FM-CW 方式是采用连续波对超声波信号进行调制。将由被测物体反射延迟 Δt 时间后得到的接收波信号与发射波信号相乘，仅取出其中的低频信号，就可以得到与距离 L 成正比的差频 f_τ 信号。假设调制信号的频率为 f_m，调制频率的带宽为 Δf，被测物体与传感器间的距离为

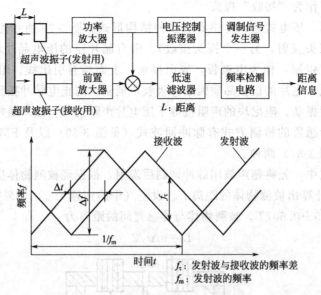

图 3-31　FM-CW 式的测距原理

$$L = \frac{f_\tau v}{4 f_m \Delta f} \qquad (3-6)$$

超声波传感器已经成为移动机器人的标准配置，在廉价的基础上提供了主动的探测工具。在比较理想的情况下，超声波传感器的测量精度根据以上的测距原理可以得到比较满意的结果，但是，在真实的环境中，超声波传感器数据的精确度和可靠性会随着距离的增加和环境模型的复杂性上升而下降，总的来说超声波传感器的可靠性很低，测距的结果存在很大的不确定性，主要表现在以下 4 点。

① 超声波传感器测量距离的误差。除了传感器本身的测量精度问题外，还受外界条件变化的影响。如声波在空气中的传播速度受温度影响很大，同时和空气湿度也有一定的关系。

② 超声波传感器散射角。超声波传感器发射的声波有一个散射角，超声波传感器可以感知障碍物在散射角所在的扇形区域范围内，但是不能确定障碍物的准确位置。

③ 串扰。机器人通常都装备多个超声波传感器，此时可能会发生串扰问题，即一个传感器发出的探测波束被另外一个传感器当做自己的探测波束接收到。这种情况通常发生在比较拥挤的环境中，对此只能通过几个不同位置多次反复测量验证，同时合理安排各个超声波传感器工作的顺序。

④ 声波在物体表面的反射。声波信号在环境中不理想的反射是实际环境中超声波传感器遇到的最大问题。当光、声波、电磁波等碰到反射物体时，任何测量到的反射都是只保留原始信号的一部分，剩下的部分能量或被介质物体吸收，或被散射，或穿透物体。有时超声波传感器甚至接收不到反射信号。

3.3.4　激光传感器

激光传感器是利用激光技术进行测量的传感器。它由激光器、激光检测器和测量电路组成。其中，激光器是产生激光的一个装置。激光器的种类很多，按激光器的工作物质可分为固体激光器、气体激光器、液体激光器及半导体激光器。激光传感器是新型测量仪表，它的优点是能实现无接触远距离测量，速度快，精度高，量程大，抗光电干扰能力强等。

激光传感器能够测量很多的物理量，比如长度、速度、距离等。

激光测距传感器种类很多，下面介绍几种常用激光测距方法的原理，有脉冲式激光测距、相位式激光测距、三角法激光测距。

① 脉冲激光测距传感器的原理是：由脉冲激光器发出持续时间极短的脉冲激光，经过待测距离后射到被测目标，有一部分能量会被反射回来，被反射回来的脉冲激光称为回波。回波返回到测距仪，由光电探测器接收。根据主波信号和回波信号之间的间隔，即激光脉冲从激光器到被测目标之间的往返时间，就可以算出待测目标的距离。

② 相位激光测距传感器的原理是：对发射的激光进行光强调制，利用激光空间传播时调制信号的相位变化量，根据调制波的波长，计算出该相位延迟所代表的距离。即用相位延迟测量的间接方法代替直接测量激光往返所需的时间，实现距离的测量。这种方法精度可达到毫米级。

③ 三角法激光测距传感器是由激光器发出的光线，经过会聚透镜聚焦后入射到被测物体表面上，接收透镜接收来自入射光点处的散射光，并将其成像在光电位置探测器敏感面上。当物体移动时，通过光点在成像面上的位移来计算出物体移动的相对距离。三角法激光测距的分辨率很高，可以达到微米数量级。

图 3-32 给出了脉冲激光传感器测距的原理图。工作时，先由激光发射二极管对准目标发射激光脉冲。经过目标反射后激光向各方向散射。部分散射光返回到传感器接收器，被光学系统接收后成像到雪崩光电二极管上。雪崩光电二极管是一种内部具有放大功能的光学传感器，因此它能检测极其微弱的光信号，并将其转化为相应的电信号。

如果从光脉冲发出到返回被接收所经历的时间为 t，光的传播速度为 c，则可以得到激光传感器到被测物体之间距离 L。

$$L = ct/2 \tag{3-7}$$

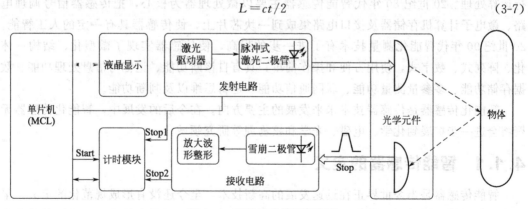

图 3-32　激光传感器测距原理

智能传感器

4.1 智能传感器概述

智能传感器（intelligent sensor 或 smart sensor）最初是由美国宇航局 1978 年开发出来的产品。宇宙飞船上需要大量的传感器不断向地面发送温度、位置、速度和姿态等数据信息，用一台大型计算机很难同时处理如此庞杂的数据，要不丢失数据，并降低成本，必须有能实现传感器与计算机一体化的灵巧传感器。智能传感器是指具有信息检测、信息处理、信息记忆、逻辑思维和判断功能的传感器。它不仅具有传统传感器的各种功能，还具有数据处理、故障诊断、非线性处理、自校正、自调整以及人机通信等多种功能。它是微电子技术、微型电子计算机技术与检测技术相结合的产物。

早期的智能传感器是将传感器的输出信号经处理和转化后由接口送到微处理机部分进行运算处理。20 世纪 80 年代智能传感器主要以微处理器为核心，把传感器信号调理电路、微电子计算机存储器及接口电路集成到一块芯片上，使传感器具有一定的人工智能。20 世纪 90 年代智能化测量技术有了进一步的提高，使传感器实现了微型化、结构一体化、阵列式、数字式，使用方便和操作简单，具有自诊断功能、记忆与信息处理功能、数据存储功能、多参量测量功能、联网通信功能、逻辑思维以及判断功能。

智能化传感器是传感器技术未来发展的主要方向。在今后的发展中，智能化传感器无疑将会进一步扩展到化学、电磁、光学和核物理等研究领域。

4.1.1 智能传感器的定义

智能传感器是当今世界正在迅速发展的高新技术，至今还没有形成规范化的定义。早期，人们简单、机械地强调在工艺上将传感器与微处理器两者紧密结合，认为"传感器的敏感元件及其信号调理电路与微处理器集成在一块芯片上就是智能传感器"。

目前，关于智能传感器的中、英文称谓尚未完全统一。英国人将智能传感器称为"intelligent sensor"；美国人则习惯于把智能传感器称作"smart sensor"，直译就是"灵巧的、聪明的传感器"。

所谓智能传感器，就是带微处理器、兼有信息检测和信息处理功能的传感器。智能传感器的最大特点就是将传感器检测信息的功能与微处理器的信息处理功能有机地融合在一起。从一定意义上讲，它具有类似于人类智能的作用。需要指出，这里讲的"带微处理器"包含两种情况：一种是将传感器与微处理器集成在一个芯片上构成所谓的"单片智能传感器"；另一种是指传感器能够配微处理器。显然，后者的定义范围更宽，但二者均属于智能传感器的范畴。

4.1.2　智能传感器的构成

智能传感器是由传感器和微处理器相结合而构成的，它充分利用微处理器的计算和存储能力，对传感器的数据进行处理，并对它的内部行为进行调节。智能传感器视其传感元件的不同具有不同的名称和用途，而且其硬件的组合方式也不尽相同，但其结构模块大致相似，一般由以下几个部分组成：①一个或多个敏感器件；②微处理器或微控制器；③非易失性可擦写存储器；④双向数据通信的接口；⑤模拟量输入输出接口（可选，如 A/D 转换、D/A 转换）；⑥高效的电源模块。

微处理器是智能传感器的核心，它不但可以对传感器测量数据进行计算、存储、数据处理，还可以通过反馈回路对传感器进行调节。由于微处理器充分发挥各种软件的功能，可以完成硬件难以完成的任务，从而能有效地降低制造难度，提高传感器性能，降低成本。图 4-1 为典型的智能传感器结构组成示意图。

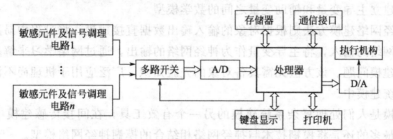

图 4-1　典型的智能传感器结构组成

智能传感器的信号感知器件往往有主传感器和辅助传感器两种。以智能压力传感器为例，主传感器是压力传感器，测量被测压力参数，辅助传感器是温度传感器和环境压力传感器。温度传感器检测主传感器工作时，由于环境温度变化或被测介质温度变化而使其压力敏感元件温度发生变化，以便根据其温度变化修正和补偿由于温度变化对测量带来的误差。环境压力传感器则测量工作环境大气压变化，以修正其影响。微机硬件系统对传感器输出的微弱信号进行放大、处理、存储和与计算机通信。

4.1.3　智能传感器的关键技术

不论智能传感器是分离式的结构形式还是集成式的结构形式，其智能化核心为微处理器，许多特有功能都是在最少硬件基础上依靠强大的软件优势来实现的，而各种软件则与其实现原理及算法直接相关。

（1）间接传感

间接传感是指利用一些容易测得的过程参数或物理参数，通过寻找这些过程参数或物理参数与难以直接检测的目标被测变量的关系，建立传感数学模型，采用各种计算方法，用软件实现待测变量的测量。智能传感器间接传感核心在于建立传感模型。模型可以通过有关的物理、化学、生物学方面的原理方程建立，也可以用模型辨识的方法建立，不同方法在应用中各有其优缺点。

① 基于工艺机理的建模方法　机理建模方法建立在对工艺机理深刻认识的基础上，通过列写宏观或微观的质量平衡、能量平衡、动量平衡、相平衡方程以及反应动力学方程等来确定难测的主导变量和易测的辅助变量之间的数学关系。基于机理建立的模型可解释性强、外推性能好，是较理想的间接传感模型。机理建模具有如下几个特点：

a. 同对象的机理模型无论在结构上还是在参数上都千差万别，模型具有专用性；

b. 机理建模过程中，从反应本征动力学和各种设备模型的确立、实际装置传热传质效果的表征到大量参数（从实验室设备到实际装置）的估计，每一步均较复杂；

c. 机理模型一般由代数方程组、微分方程组或偏微分方程组组成，当模型结构庞大时，求解计算量大。

② 基于数据驱动的建模方法　对于机理尚不清楚的对象，可以采用基于数据驱动的建模方法建立软测量模型。该方法从历史输入输出数据中提取有用信息，构建主导变量与辅助变量之间的数学关系。由于无需了解太多的过程知识，基于数据驱动建模方法是一种重要的间接传感建模方法。根据对象是否存在非线性，建模方法又可以分为线性回归建模方法、人工神经网络建模方法和模糊建模方法等。线性回归建模方法是通过收集大量辅助变量的测量数据和主导变量的分析数据，运用统计方法将这些数据中隐含的对象信息进行提取，从而建立主导变量和辅助变量之间的数学模型。

人工神经网络建模方法则根据对象的输入输出数据直接建模，将过程中易测的辅助变量作为神经网络的输入，将主导变量作为神经网络的输出，通过网络学习来解决主导变量的间接传感建模问题。该方法无需具备对象的先验知识，广泛应用于机理尚不清楚且非线性严重的系统建模中。

模糊建模是人们处理复杂系统建模的另一个有效工具，在间接传感建模中也得到应用，但用得最多的还是将模糊技术与神经网络相结合的模糊神经网络模型。

③ 混合建模方法　基于机理建模和基于数据驱动建模这两种方法的局限性引发了混合建模思想，对于存在简化机理模型的过程，可以将简化机理模型和基于数据驱动的模型结合起来，互为补充。简化机理模型提供的先验知识，可以为基于数据驱动的模型节省训练样本；基于数据驱动的模型又能补偿简化机理模型的特性。虽然混合建模方法具有很好的应用前景，但其前提条件是必须存在简化机理模型。

需要说明的是，间接传感模型性能的好坏受辅助变量的选择、传感数据变换、传感数据的预处理、主辅变量之间的时序匹配等多种因素制约。

（2）线性化校正

理想传感器的输入物理量与转换信号呈线性关系，线性度越高，则传感器的精度越高。但实际上大多数传感器的特性曲线都存在一定的非线性误差。

智能传感器能实现传感器输入-输出的线性化。突出优点在于不受限于前端传感器、调理电路至 A/D 转换的输入-输出特性的非线性程度，仅要求输入 x-输出 u 特性重复性好。智能传感器线性化校正原理框图如图 4-2 所示。其中，传感器、调理电路至 A/D 转换器的输入 x-输出 u 特性如图 4-3（a）所示，微处理器对输入按图 4-3（b）进行反非线性变换，使其输入 x 与输出 y 成线性或近似线性关系，如图 4-3（c）所示。

目前非线性自动校正方法主要有查表法、曲线拟合法和神经网络法三种。其中，查表法是一种分段线性插值方法。根据准确度要求对非线性曲线进行分段，用若干折线逼近非

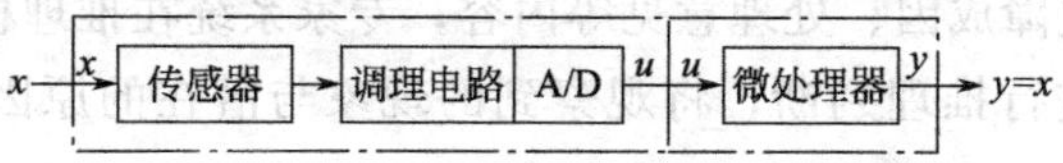

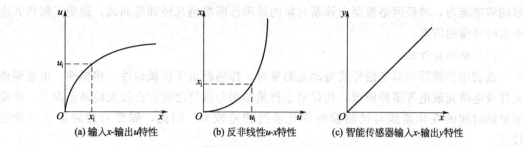

图 4-2 智能传感器线性化校正原理框图

(a) 输入x-输出u特性　(b) 反非线性u-x特性　(c) 智能传感器输入x-输出y特性

图 4-3 智能传感器输入-输出特性线性化

线性曲线。神经网络法利用神经网络来求解反非线性特性拟合多项式的待定系数。曲线拟合法通常采用行次多项式来逼近反非线性曲线，多项式方程的各个系数由最小二乘法确定。曲线拟合法的缺点在于当有噪声存在时，利用最小二乘法原则确定待定系数时可能会遇到病态的情况而无法求解。

(3) 自诊断

智能传感器自诊断技术俗称“自检”，要求对智能传感器自身各部分包括软件资源和硬件资源进行检测，以验证传感器能否正常工作，并提示相关信息。

传感器故障诊断是智能传感器自检的核心内容之一，自诊断程序应判断传感器是否有故障，并实现故障定位、判别故障类型，以便后续操作中采取相应的对策。对传感器进行故障诊断主要以传感器的输出为基础，一般有硬件冗余诊断法、基于数学模型的诊断法和基于信号处理的诊断法等。

① 硬件冗余诊断法　对容易失效的传感器进行冗余备份，一般采用两个、三个或者四个相同传感器来测量同一个被测量（见图 4-4），通过冗余传感器的输出量进行相互比较以验证整个系统输出的一致性。一般情况下，该方法采用两个冗余传感器可以诊断有无传感器故障，采用三个或者三个以上冗余传感器可以分离发生故障的传感器。

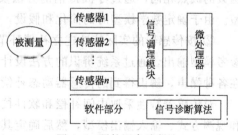

图 4-4 硬件冗余诊断法

② 基于数学模型的诊断法　通过各测量结果之间或者测量结果序列内部的某种关联，建立适当的数学模型来表征测量系统的特性，通过比较模型输出与实际输出之间的差异来判断是否有传感器故障。

③ 基于信号处理的诊断法　直接对检测到的各种信号进行加工、交换以提取故障特征，回避了基于模型方法需要抽取对象数学模型的难点。基于信号处理的诊断方法虽然可靠，但也有局限性，如某些状态发散导致输出量发散的情况，该方法不适用；另外，阈值选择不当，也会造成该方法的误报或者漏报。

④ 基于人工智能的故障诊断法

a. 基于专家系统的诊断方法在故障诊断专家系统的知识库中，储存了某个对象的故障征兆、故障模式、故障成因、处理意见等内容，专家系统在推理机构的指导下，根据用户的信息，运用知识进行推理判断，将观察到的现象与潜在的原因进行比较，形成故障判据。

b. 基于神经网络的诊断方法可利用神经网络强大的自学习功能、并行处理能力和良好的容错能力，神经网络模型由诊断对象的故障诊断事例几经训练而成，避免了解析冗余中实时建模的需求。

（4）动态特性校正

在利用传感器对瞬变信号实施动态测量时，传感器由于机械惯性、热惯性、电磁储能元件及电路充放电等多种原因，使得动态测量结果与真值之间存在较大的动态误差，即输出量随时间的变化曲线与被测量的变化曲线相差较大。因此，需要对传感器进行动态校正。

在智能传感器中，对传感器进行动态校正的方法大多是用一个附加的校正环节与传感器相连（见图 4-5），使合成的总传递函数达到理想或近乎理想（满足准确度要求）状态。主要方法有：

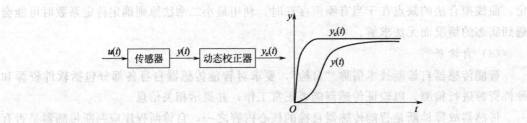

图 4-5　动态校正原理示意图

① 用低阶微分方程表示传感器动态特性　使补偿环节传递函数的零点与传感器传递函数的极点相同，通过零极抵消的方法实现动态补偿。该方法要求确定传感器的数学模型。由于确定数学模型时的简化和假设，这种动态补偿器的效果受到限制。

② 按传感器的实际特性建立补偿环节　根据传感器对输入信号响应的实测参数以及参考模型输出，通过系统辨识的方法设计动态补偿环节。由于实际测量系统不可避免地存在各种噪声，辨识得到的传感器动态补偿环节存在一定误差。

对传感器特性采取中间补偿和软件校正的核心是要正确描述传感器观测到的数据信息和观测方式、输入输出模型，然后确定其校正环节。

（5）自校准与自适应量程

① 自校准　自校准在一定程度上相当于每次测量前的重新定标，以消除传感器的系统漂移。自校准可以采用硬件自校准、软件自校准和软硬件结合的方法。

智能传感器的自校准过程通常分为以下三个步骤。

a. 校零。输入信号的零点标准值，进行零点校准。

b. 校准输入信号标准值。

c. 测量对输入信号进行测量。

② 自适应量程　智能传感器的自适应量程，要综合考虑被测量的数值范围，以及对测量准确度、分辨率的要求等诸因素来确定增益（含衰减）挡数的设定和确定切换挡的准则，这些都依具体问题而定。

（6）电磁兼容性

传感器的电磁兼容性是指传感器在电磁环境中的适应性，即能保持其固有性能，完成规定功能的能力。它要求传感器与在同一时空环境的其他电子设备相互兼容，既不受电磁干扰的影响，也不会对其他电子设备产生影响。电磁兼容性作为智能传感器的性能指标，受到越来越多的重视。

智能传感器的电磁干扰包括传感器自身的电磁干扰（元器件噪声、寄生耦合、地线干扰等）和来自传感器外部的电磁干扰（宇宙射线和雷电、外界电气电子设备干扰等）。一般来说，抑制传感器电磁干扰可以从减少噪声信号能量、破坏干扰路径、提高自身抗干扰能力几个方面考虑。

① 电磁屏蔽　屏蔽是抑制干扰耦合的有效途径。当芯片工作在高频时，电磁兼容问题十分突出。较好的办法是，在芯片设计中就将敏感部分用屏蔽层加以屏蔽，并使芯片的屏蔽层与电路的屏蔽相连。在传感器内，凡是受电磁场干扰的地方，都可以用屏蔽的办法来削弱干扰，以确保传感器正常工作。对于不同的干扰场要采取不同的屏蔽方法，如电屏蔽、磁屏蔽、电磁屏蔽，并将屏蔽体良好接地。

② 元器件选用　采用降额原则并选用高精密元器件，以降低元器件本身的热噪声，减小传感器的内部干扰。

③ 接地　接地是消除传导干扰耦合的重要措施。在信号频率低于 1MHz 时，屏蔽层应一点接地。因为多点接地时，屏蔽层对地形成回路，当各接地点电位不完全相等时，就有感应电压存在，容易发生感性耦合，使屏蔽层中产生噪声电流，并经分布电容和分布电感耦合到信号回路。

④ 滤波　滤波是抑制传导干扰的主要手段之一。由于干扰信号具有不同于有用信号的频谱，滤波器能有效抑制干扰信号。提高电磁兼容性的滤波方法，可分为硬件滤波和软件滤波。π 型滤波是许多标准上推荐的硬件滤波方法。软件滤波依靠数字滤波器，是智能传感器所独有的提高抗电磁干扰能力的手段。

⑤ 合理设计电路板　传感器所处空间往往较小，多属于近场区辐射。设计时应尽量减少闭合回路所包围的面积，减少寄生耦合干扰与辐射发射。在高频情况下，印制线路板与元器件的分布电容与电感不可忽视。一个过孔可增加 0.6pF 电容，一个接插件可引入 4～20nH 电感，元件直接焊接比使用 IC 座好，板上的过孔要尽量少。只要导线长度达到信号波长的 1/20，导线就成了天线，过长的元件引脚会以天线效应发射高频信号。

4.2　智能传感器的功能与特点

4.2.1　智能传感器的功能

智能传感器主要有以下功能。

① 具有自动调零、自校准、自标定功能。智能传感器不仅能自动检测各种被测参数，还能进行自动调零、自动调平衡、自动校准，某些智能传感器还能自动完成标定工作。

② 具有逻辑判断和信息处理功能，能对被测量进行信号调理或信号处理（对信号进行预处理、线性化，或对温度、静压力等参数进行自动补偿等）。例如，在带有温度补偿和静压力补偿的智能差压传感器中，当被测量的介质温度和静压力发生变化时，智能传感

器的补偿软件能自动依照一定的补偿算法进行补偿，以提高测量精度。

③ 具有自诊断功能。智能传感器通过自检软件，能对传感器和系统的工作状态进行定期或不定期的检测，诊断出故障的原因和位置并作出必要的响应，发出故障报警信号，或在计算机屏幕上显示出操作提示（PPT 系列智能精密压力传感器即有此项功能）。

④ 具有组态功能，使用灵活。在智能传感器系统中可设置多种模块化的硬件和软件，用户可通过微处理器发出指令，改变智能传感器的硬件模块和软件模块的组合状态，完成不同的测量功能。

⑤ 具有数据存储和记忆功能，能随时存取检测数据。

⑥ 具有双向通信功能，能通过各种标准总线接口、无线协议等直接与微型计算机及其他传感器、执行器通信。

4.2.2 智能传感器的特点

与传统传感器相比，智能传感器主要有以下特点。

（1）高精度

智能传感器有多项功能来保证它的高精度，如通过自动校零去除零点，与标准参考基准实时对比以自动进行整体系统标定，自动进行整体系统的非线性等系统误差的校正，通过对采集的大量数据进行统计处理以消除偶然误差的影响等，从而保证了智能传感器的测量精度及分辨力都得到大幅度提高。

例如，美国霍尼韦尔（Honeywell）公司推出的 PPT 系列智能精密压力传感器，测量液体或气体的精度为±0.05%，比传统压力传感器的精度大约提高了一个数量级。美国 BB（Burr-Brown）公司生产的 XTR 系列精密电流变送器，转换精度可达±0.05%，非线性误差仅为±0.003%。中国台湾合泰（HOLTEK）公司推出的 HT7500 型医用数字体温计集成电路，测温精度高达±0.1℃或±0.2°F，这是其他温度计（包括精密水银温度计和数字温度计）所难以达到的技术指标，特别适合构成高精度、多功能、微型化的临床体温计，满足医院及家庭的需要。

（2）宽量程

智能传感器的测量范围很宽，并具有很强的过载能力。例如，美国 ADI 公司推出的 ADXRS300 型单片偏航角速度陀螺仪集成电路，能精确测量转动物体的偏航角速度，测量范围是±300°/s。用户只需并联一只合适的设定电阻，即可将测量范围扩展到 1200°/s。该传感器还能承受 1000g 的运动加速度或 2000g 的静力加速度。

Honeywell 公司的智能精密压力传感器，量程为 1～500psi（即 6.8946kPa～3.4473MPa），总共有 10 种规格。它有 12 种压力单位可供选择，包括国际单位制 Pa（帕），非国际单位制 p_0（大气压）、bar（巴）、mmHg（毫米汞柱）等，基本压力单位是 psi（磅/平方英寸），可满足不同国家测量压力的需要。

（3）高信噪比与高分辨力

由于智能传感器具有数据存储、记忆与信息处理功能，通过软件进行数字滤波、相关分析等处理，可以去除输入数据中的噪声，将有用信号提取出来；通过数据融合、神经网络技术，可以消除多参数状态下交叉灵敏度的影响，从而保证在多参数状态下对特定参数测量的分辨能力。例如，ADXRS300 角速度陀螺仪集成传感器能在噪声环境下保证精度不变，其角速度噪声低至 0.2°/(s·Hz)。

(4) 自适应能力强

智能传感器具有判断、分析与处理功能，它能根据系统工作情况决策各部分的供电情况，优化与上位计算机的数据传送速率，使系统工作在最优低功耗状态和优化传送效率。例如，US0012 是一种基于数字信号处理器和模糊逻辑技术的高性能智能化超声波干扰探测器集成电路，它对温度环境等自然条件具有自适应（self-adaptive）能力。美国 Mierosemi 公司、Agilent 公司相继推出了能实现人眼仿真的集成化可见光亮度传感器，其光谱特性及灵敏度都与人眼相似，能代替人眼去感受环境亮度的明暗程度，自动控制 LCD 显示器背光源的亮度，以充分满足用户在不同时间、不同环境中对显示器亮度的需要。

(5) 高可靠性与高稳定性

智能传感器能自动补偿因工作条件与环境参数发生变化而引起的系统特性的漂移，如温度变化而产生的零点和灵敏度的漂移；在被测参数变化后能自动改换量程；能实时自动进行系统的自我检验，分析、判断所采集到的数据的合理性，并给出异常情况的应急处理（报警或故障提示）。因此，有多项功能保证了智能传感器的高可靠性与高稳定性。

美国 Atmel 公司推出的 FCD4B14、AT77C101B 型单片硅晶体指纹传感器集成电路，抗磨损性强，在指纹传感器的表面有专门的保护层，手指接触磨损的次数可超过百万次。

(6) 高性价比

智能传感器所具有的上述高性能，不是像传统传感器技术用追求传感器本身的完善、对传感器的各个环节进行精心设计与调试、进行"手工艺品"式的精雕细琢来获得的，而是通过与微处理器、微型计算机相结合，采用廉价的集成电路工艺和芯片以及强大的软件来实现的，因此，其性价比高。

例如美国 Veridicom 公司推出的第三代 CMOS 固态指纹传感器，增加了图像搜索、高速图像传输等多种新功能，其成本却低于第二代 CMOS 固态指纹传感器，因此具有更高的性价比。

(7) 超小型化、微型化

随着微电子技术的迅速推广，智能传感器正朝着短、小、轻、薄的方向发展，以满足航空、航天及国防尖端技术领域的需要，同时也为一般工业和民用设备的小型化、便携发展创造了条件，汽车电子技术的发展便是一例。智能微尘（smart micro dust）是一种具有电脑功能的超微型传感器。从肉眼看来，它和一颗沙粒没有多大区别，但内部却包含了从信息采集、信息处理到信息发送所必需的全部部件。

(8) 低功耗

降低功耗对智能传感器具有重要意义。这不仅可简化系统电源及散热电路的设计，延长智能传感器的使用寿命，还为进一步提高智能传感器芯片的集成度创造了有利条件。

智能传感器普遍采用大规模或超大规模 CMOS 电路，使传感器的耗电量大为降低，有的可用叠层电池甚至纽扣电池供电。暂时不进行测量时，还可采用待机模式将智能传感器的功耗降至更低。例如，FPS200 型指纹传感器在待机模式下的功耗仅为 $100\mu W$。

4.3 智能传感器的实现技术

智能传感器视其传感元件的不同具有不同的名称和用途，而且其硬件的组合方式也不尽相同，但其结构模块大致相似，一般由以下几个部分组成：①一个或多个敏感器件；

②微处理器或微控制器；③非易失性可擦写存储器；④双向数据通信的接口；⑤模拟量输入输出接口（可选，如 A/D 转换、D/A 转换）；⑥高效的电源模块。

按照实现形式，智能传感器可以分为非集成化智能传感器、集成化智能传感器以及混合式智能传感器三种结构。

4.3.1 非集成化智能传感器

非集成化智能传感器就是将传统的经典传感器、信号调理电路、微处理器以及相关的输入输出接口电路、存储器等进行简单组合集成而得到的测量系统，如图 4-6 所示。

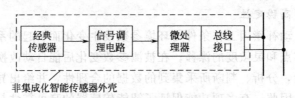

图 4-6 非集成化智能传感器框图

在这种实现方式下，传感器与微处理器可以分为两个独立部分，传感器及变送器将待测物理量转换为相应的电信号，送给信号调理电路进行滤波、放大，再经过模数转换后送到微处理器。微处理器是智能传感器的核心，不但可以对传感器测量数据进行计算、存储、处理，还可以通过反馈回路对传感器进行调节。微处理器可以根据其内存中驻留的软件实现对测量过程的各种控制、逻辑推理、数据处理等功能，使传感器获得智能，从而提高了系统性能。例如美国罗斯蒙特公司、SMAR 公司生产的电容式智能压力（差）变送器系列产品，就是在原有传统非集成化电容式变送器基础上附加一块带数字总线接口的微处理器插板后组装而成的，并开发配备通信、控制、自校正、自补偿、自诊断等智能化软件，从而实现智能传感器。

这种非集成化智能传感器是在现场总线控制系统发展形势的推动下迅速发展起来的。因为这种控制系统要求挂接的传感器/变送器必须是智能型的，对于自动化仪表生产厂家来说，原有的一整套生产工艺设备基本不变。因此，对于这些厂家而言，非集成化实现是一种建立智能传感器系统最经济、最快捷的途径与方式。

4.3.2 集成化智能传感器

传感器的集成化实现技术，是指以硅材料为基础，采用微米级的微机械加工技术和大规模集成电路工艺来实现各种仪表传感器系统的微米级尺寸化，国外也称它为专用集成微型传感技术。由此制作的智能传感器的特点如下。

（1）微型化

微型压力传感器已经可以小到放在注射针头内送进血管测量血液流动情况，装在飞机或发动机叶片表面用以测量气体的流速和压力。美国最近研究成功的微型加速度计可以使火箭或飞船的制导系统质量从几千克下降至几克。

（2）一体化

压阻式压力传感器是最早实现一体化结构的。传统的做法是先分别由宏观机械加工金属圆膜片与圆柱状环，然后把二者粘贴形成周边固支结构的"金属杯"，再在圆膜片上粘贴电阻变换器（应变片）而构成压力传感器，这就不可避免地存在蠕变、迟滞、非线性特性。采用微机械加工和集成化工艺，不仅"硅杯"一次整体成型，而且电阻变换器与硅杯是完全一体化的。进而可在硅杯非受力区制作调理电路、微处理器单元，甚至微执行器，从而实现不同程度的乃至整个系统的一体化。

（3）精度高

比起分体结构，传感器结构一体化后，迟滞、重复性指标将大大改善，时间漂移大大减小，精度提高。后续的信号调理电路与敏感元件一体化后可以大大减小由引线长度带来的寄生参数的影响，这对电容式传感器更有特别重要的意义。

（4）多功能

微米级敏感元件结构的实现特别有利于在同一硅片上制作不同功能的多个传感器，如霍尼韦尔公司生产的 ST-3000 型智能压力和温度变送器，就是在一块硅片上制作了感受压力、压差及温度三个参数的，具有三种功能（可测压力、压差、温度）的传感器。这样不仅增加了传感器的功能，而且可以提高传感器的稳定性与精度。

（5）阵列式

微米技术已经可以在 $1cm^2$ 大小的硅芯片上制作含有几千个压力传感器的阵列，如丰田中央研究所半导体研究室用微机械加工技术制作的集成化应变计式面阵触觉传感器，在 $8mm \times 8mm$ 的硅片上制作了 1024 个敏感触点，基片四周还制作了信号处理电路，其元件总数达 16000 个。敏感元件构成阵列后，配合相应图像处理软件，可以实现图形成像且构成多维图像传感器。这时的智能传感器就达到了它的最高级形式。

敏感元件组成阵列后，通过计算机/微处理器解耦运算、模式识别、神经网络技术的应用，有利于消除传感器的时变误差和交叉灵敏度的不利影响，可提高传感器的可靠性、稳定性与分辨能力。

（6）使用方便，操作简单

它没有外部连接元件，外接连线数量少，包括电源、通信线可以少至四条，因此，接线极其简便。它还可以自动进行整体自校，无需用户长时间反复多环节调节与校验。"智能"含量越高的智能传感器，它的操作使用越简便，用户只需编制简单的使用主程序。

要在一块芯片上实现智能传感器系统，存在着许多棘手的难题，如直接转换型 A/D 变换器电路太复杂，制作敏感元件后留下的芯片面积有限，需要寻求其他 A/D 转换的形式；由于芯片面积的限制，以及制作敏感元件与数字电路的优化工艺的不兼容性，微处理器系统及可编程只读存储器的规模、复杂性与完善性也受到很大限制。

传感器的集成化实现是传感器的发展方向，它又是传感器向微型化、阵列化、多功能化、智能化方向发展的基础。随着微电子技术的飞速发展，大规模集成电路工艺技术日臻完善，MEMS 技术、微纳米技术、现代传感器技术协同发展，现已有不同集成度的电路芯片及传感器系统芯片商品面市。

由于在一块芯片上实现智能传感器全系统，并不总是人们希望的，也并不总是必需的，因此，一种更为可行的混合实现智能化的方式迅速得到发展。

4.3.3　混合式智能传感器

根据需要将系统各个集成化环节，如敏感单元、信号调理电路、微处理器单元、数字总线接口等，以不同的组合方式集成在两块或三块芯片上，并封装在一个外壳里。如图 4-7 中所示的几种方式。

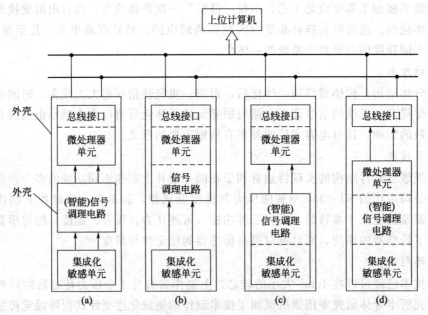

图 4-7　一个封装中可能的混合集成实现方式

集成化敏感单元包括各种敏感元件及其变换电路，信号调理电路包括多路开关、仪用放大器、基准、模数转换器（ADC）等，微处理器单元包括数字存储器、I/O 接口、微处理器、数模转换器等。

在图 4-7（a）中，三块集成化芯片封装在一个外壳里。

在图 4-7（b）～（d）中，两块集成化芯片封装在一个外壳里。

图 4-7（a）、（c）中的（智能）信号调理电路具有部分智能化功能，如自校零、自动进行温度补偿，这是因为这种电路带有零点校正电路和温度补偿电路，它们常不与微处理单元封装在一起而单独出售。图 4-7（a）、（b）中的集成化敏感单元也可以代之以片外外接传感器。

4.4　无线传感网络技术及其应用

4.4.1　无线传感网络技术

（1）概述

随着自动化技术的推动，尤其是现场总线控制系统（fieldbus control system，FCS）发展的要求，目前已发展出了多种通信模式的现场总线网络化智能传感器/变送器。

随着社会的进步与发展，人们在更广泛的领域提出传感器系统的网络化需求，如大型机械的多点远程监测、环境地区的多点监测、危重病人的多点监测与远程会诊、电能的自动实时抄表系统以及远程教学实验等，无线传感器网络的重要性日益凸显。

无线传感器网络是由大量依据特定的通信协议，可进行相互通信的智能无线传感器节点组成的网络，综合了微型传感器技术、通信技术、嵌入式计算技术、分布式信息处理以及集成电路技术，能够协作地实时监测、感知和采集网络分布区域内的各种环境或监测对象的信息，并对这些信息进行处理和传送，在工业、农业、军事、空间、环境、医疗、家庭及商务等领域具有极其广泛的应用前景。

　　无线传感器网络的研究起步于 20 世纪 90 年代末期。从上世纪开始，传感器网络引起了学术界、军事界和工业界的极大关注，美国和欧洲相继启动了许多无线传感器网络的研究计划。特别是美国通过国家自然基金委、国防部等多种渠道投入巨资支持传感器网络技术的研究。

　　在国内，无线传感器网络领域的研究也跟进很快，已经在很多研究所和高校广泛展开。其研究的热点、难点包括：设计小型化的节点设备；开发适合传感器节点的嵌入式实时操作系统；无线传感器网络体系结构及各层协议；时间同步机制与算法、传感器节点的自身定位算法和以其为基础的外部目标定位算法等。

　　特别是进入 21 世纪后，对无线传感器网络的核心问题有了许多新颖的解决方案，但是，这个领域从总体上来说尚属于起步阶段，目前还有许多问题亟待解决。

　　（2）无线传感器网络的特点

　　无线传感器网络不同于传统数据网络，它对无线传感器网络的设计与实现提出了新的挑战，主要的要求有：低能耗、低成本、通用性、网络拓扑、安全、实时性、以数据为中心等。

　　无线传感器网络具有以下主要特点：

　　① 硬件资源有限。节点由于受价格、体积和功耗的限制，其计算能力、程序空间和内存空间比普通的计算机功能要弱很多。这一点决定了在节点操作系统设计中，协议层次不能太复杂。

　　② 电源容量有限。网络节点由电池供电，电池的容量一般不是很大。有些特殊的应用领域决定了在使用过程中，不能给电池充电或更换电池，因此在传感器网络设计过程中，任何技术和协议的使用都要以节能为前提。

　　③ 无中心。无线传感器网络中没有严格的控制中心，所有节点地位平等，是一个对等式网络。节点可以加入或离开网络，任何节点的故障不会影响整个网络的运行，具有很强的抗毁性。

　　④ 自组织。网络的布设和展开无需依赖于任何预设的网络设施，节点通过分层协议和分布式算法协调各自的行为，节点开机后就可以快速、自动地组成一个独立的网络。

　　⑤ 多跳路由。网络中节点通信距离有限，一般在几百米范围内，节点只能与它的邻居直接通信。如果希望与其射频覆盖范围之外的节点进行通信，则需要通过中间节点进行路由。固定网络的多跳路由使用网关和路由器来实现，而无线传感器网络中的多跳路由是由普通网络节点完成的，没有专门的路由设备。这样每个节点既可以是信息的发起者，也可以是信息的转发者。图 4-8 是一个多跳的示意图。

图 4-8　一个多跳的示意图

　　⑥ 动态拓扑。无线传感器网络是一个动态的网络，节点可以随处移动；一个节点可能会因为电池能量耗尽或其他故障而退出网络运行；一个节点也可能由于工作的需要而被

添加到网络中。这些都会使网络的拓扑结构随时发生变化，因此网络应该具有动态拓扑组织功能。

（3）实现远程监测的无线传感器网络系统的典型结构

采用同构网络实现远程监测的无线传感器网络系统典型结构如图 4-9 所示，由传感器节点、汇聚节点、服务器端的 PC 和客户端的 PC 四大硬件环节组成，各组成环节功能如下。

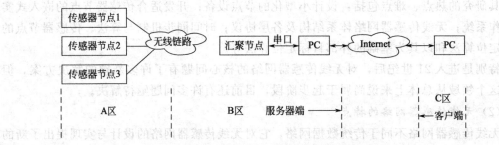

图 4-9　远程监测无线传感器网络系统结构框图

① 传感器节点　部署在监测区域（A 区），通过自组织方式构成无线网络。传感器节点监测的数据沿着其他节点逐跳进行无线传输，经过多跳后到达汇聚节点（B 区）。

② 汇聚节点　是一个网络协调器，负责无线网络的组建，再将传感器节点无线传输进来的信息与数据通过 SCI（serial communication interface，串行通信接口）传送至服务器端 PC。

③ 服务器端 PC　是一个位于 B 区的管理节点，也是独立的 Internet 网关节点。在 LabVIEW 软件平台上面有两个软件：一是对传感器无线网络进行监测管理的软件平台 VI，即一个监测传感器无线网络的虚拟仪器 VI；二是 Web Server 软件模块和远程面板技术（Remote Panel），可实现传感器无线网络与 Internet 的连接。

④ 客户端 PC　客户端 PC 上无需进行任何软件设计，在浏览器中就可调用服务器 PC 中无线传感器网络监测虚拟仪器的前面板，实现远程异地（C 区）对传感器无线网络（A 区）的监测与管理。

（4）无线传感节点的实现

无线传感节点的实现包括硬件与软件两部分，节点的硬件由信号调理电路、A/D 转换器、微处理器及其外围电路、射频电路、电源及其电源管理电路组成。节点的软件部分主要包括操作系统与协议实现。图 4-10 为一个典型的无线传感节点的组成框图。同常规传感器相比，无线传感器主要增加了射频电路部分及软件协议，另外无线传感器往往将低功耗作为一个着重考虑的性能指标，因此常常采用低功耗设计，将电池同节点集成在一起供电。

无线传感节点在设计时可采用的微处理器种类较多，常用的有 Motorola 的 68HCl6 系列，基于 ARM 的嵌入式处理器，Atmel 的 AVR 系列，TI 的 MSP430 等。传感节点的射频电路通常使用的频段为 315~916MHz、2.4GHz 及 5.8GHz 的频段。

节点的软件部分包括节点上运行的系统软件及采集控制等应用软件，也包括无线传感器的网络协议。网络协议分为基础层、网络层、数据管理与处理层、应用开发环境层和应用层。基础层以传感器集合为核心，包括每个传感器的软、硬件资源。基础层的功能包括

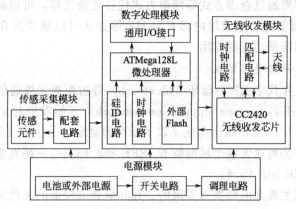

图 4-10　无线传感节点的组成框图

监测感知对象、采集感知对象的信息、传输发布信息以及初步的信息处理。网络层以通信网络为核心，功能是实现传感器与传感器、传感器与用户之间的通信，网络层包括通信网络、支持网络通信的各种协议和软硬件资源。数据管理与处理层是以数据管理与处理软件为核心，包括支持数据的采集、存储、查询、分析等各种数据管理，为用户决策提供有效的帮助。应用开发环境层作为最底下的三层和应用层之间的过渡，为用户能够在基础层、网络层和数据管理与处理层的基础上开发各种传感器网络应用软件提供有效的软件开发环境和软件工具。

应用层由各种网络应用软件系统构成。目前可用于无线传感网络的协议主要有 ZigBee 协议、蓝牙、IEEE 802.11 等，其中 ZigBee 是在原有 IEEE 802.15.4 Compliant Radio 协议的基础上由 Ember、Freescale、Honeywell、Invensys、Mitsubishi、Motorola、Philips 和 Samsung8 个公司联合提出并改进的世界上第一个专为实现远地测控无线传感网络而设计的网络协议，这个协议的最大优点就是比较好地考虑了无线传感网络的功耗问题，同其他已有的协议（如蓝牙、IEEE 802.11）相比，该协议可有效降低无线传感网络的功耗。另外该协议的安全性、容错性也较好，适合节点数目较多的网络。

在无线传感网络的操作系统方面，Berkeley 为 Mica 专门开发了 TinyOS 操作系统。TinyOS 最初采用汇编和 C 语言编写，后来为更方便地支持面向传感器网络的应用，开发人员对 C 语言进行了扩展，提出了支持组件化编程的 nesC 语言，把组件化、模块化思想和基于事件驱动的执行模型结合起来，改进了 TinyOS 系统。TinyOS 的特征是面向组件的结构，这样就可以使嵌入式操作系统在代码实施要求非常严格的情况下做到尽可能的小。组件库包括网络协议、分布式服务、传感驱动器和数据采集工具。其他可应用于无线传感网络的操作系统有 uCos 以及 uCLinux，或者可以把这几种操作系统综合运用。在研究无线传感器节点时，应比较这些操作系统的性能，以选择更合适的无线传感网络操作系统。

在无线传感器进行组网时要充分考虑降低网络的功耗，可从硬件和软件两方面加以考虑。可采用的主要方法有：

① 将不需要的硬件处于休眠状态。一般的系统都不会到了忙不过来的地步，适当的休眠可以节省一些功耗。

② 充分利用掉电模式。

③ 避免复杂运算。指数运算、浮点乘除等复杂运算一般会占据较多的系统时序，从

而降低休眠时间，如果通过查表方式等简单方式代替复杂运算，可以减少功耗。

④ 多使用寄存器变量、多使用内部 CACHE 等方法可以减少外存的访问次数，及时响应中断都可以起到降低功耗的作用。

（5）无线传感器网络通信协议

随着 20 世纪 90 年代末 RF 与蓝牙（bluetooth）等短距离无线通信技术的发展，无线个域网 WPAN（wireless personal application network）开始发展起来。目前无线个域网标准化组织 IEEE 802.15 工作组已完成了以下标准的制定：①中速无线个域网标准 IEEE 802.15.1——蓝牙；②高速无线个域网标准 IEEE 802.15.3——超宽带（UWB）；③低速无线个域网标准 IEEE 802.15.4。

低速无线个域网主要为电源能力受限的、吞吐量要求较低的无线应用提供简单的低成本网络连接，主要目标是以简单灵活的协议构建一种安装布置合理、数据传输可靠、设备成本极低、能量消耗较小的短距离无线通信网络。低速无线个域网符合无线传感器网络关于低能耗、低成本、通用性、网络拓扑、安全、实时性、以数据为中心等要求，因此目前研究、应用的无线传感器网络的物理层及 MAC 层协议多采用 IEEE 802.15.4 标准。

基于 IEEE 802.15.4 标准的网络层协议主要有 2001 年 9 月成立的 ZigBee 联盟提出的 ZigBee 协议栈及适用于无线传感器网络节点的嵌入式微型 IPv6 协议栈。其中，ZigBee 协议以其低成本、不同厂商生产的产品可兼容等特点得到广泛的研究与应用。

（6）无线传感器网络与 Internet 的互联

目前，国内外对无线传感器网络与 Internet 互联的研究尚未成熟。归纳已有的研究成果，无线传感器网络与 Internet 互联的主要内容是：利用网关或 IP 节点，屏蔽下层无线传感器网络，向远端的 Internet 用户提供实时的信息服务，并且实现互操作。

已有两种解决无线传感器网络与 Internet 互联的方案：同构网络和异构网络。

同构网络引入一个或几个无线传感器网络传感器节点作为独立的网关节点并以此为接口接入互联网，即把与互联网标准 IP 协议的接口置于无线传感器网络外部的网关节点。这样做比较符合无线传感器网络的数据流模式，易于管理，无需对无线传感器网络本身进行大的调整；缺点是会使得网关附近的节点能量消耗过快并可能会造成一定程度的信息冗余。

异构网络的特点是：部分能量高的节点被赋予 IP 地址，作为与互联网标准 IP 协议的接口。这些高能力节点可以完成复杂的任务，承担更多的负荷，难点在于无法对节点的所谓"高能力"有一个明确的定义。同时，如何使得 IP 节点之间通过其他普通节点进行通信也是一个技术难题。

综上所述，同构网络较易实现，即在无线传感器网络外部建立一个网关节点。

4.4.2 无线传感器网络在移动机器人通信中的应用

随着社会的进步，科技的日新月异发展，人们生活水平的不断提高，机器人已经融入到人们的日常生活中。在机器人上应用无线传感网络，可以解决多机器人协调与通信的问题。考虑到机器人自规划、自组织、自适应能力强，所处地点不确定的特点，基于无线传感网络的通信是实现自主机器人之间相互通信或者机器人与主控计算机之间通信的理想方式。通过通信系统，机器人可以传递外部或内部信息，完成诸如传感信息处理、路径规划等数据运算，同时还可以实现多个机器人之间的信息交互。

（1）系统结构

每个机器人作为一个独立的部分时，为单个节点的执行系统，自身内部进行信息分析处理和控制，此部分由处理器、存储器构成，算法在内部集成。当多个自动机器人形成一个系统，各机器人之间可以协调通信时，在每个机器人上加入一个传感器模块，利用无线传感网络将节点联系起来，形成一个局域无线传感网络。其结构如图 4-11 所示。

在机器人协议上采用令牌环方式，每一时刻都有一个主控制机器人，其他为从机器人，服从主机器人的指令，直至令牌传递，更新主机器人。多移动机器人协调通信时包括如下功能模块：信息获取模块，对信息进行处理，获取路标位置信息和目标物体的位置信息；自定位模块，利用各种视觉信息和传感器信息进行自定位，属于单节点机器人内部结构；移动机器人控制和信息处理模块，接收操作者发送的控制命令，规划机器人的运动，并向机器人本

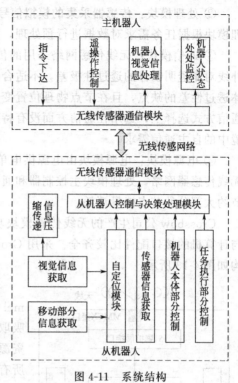

图 4-11　系统结构

体和操作手的运动控制器发送运动控制命令，属于多机器人通信时的交流结构。

主机器人通过无线传感网络获取从机器人状态信息，向从机器人下达指令，可以监控和灵活遥操作控制从移动机器人；从机器人通过无线传感网络向主机器人发送状态信息，接收执行主机器人的指令并反馈自身的信息给主机器人。

（2）无线传感网络的实现

网络节点的设计是整个传感器网络设计的核心，其性能直接决定了整个机器人传感器网络的效能和稳定性。如图 4-12 所示，传感器节点由传感模块、处理模块、通信模块和电源模块四个基本模块组成。

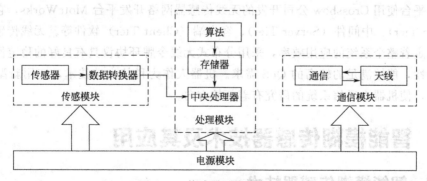

图 4-12　传感器网络节点组成

① 传感器模块：包含传感器和模数转换（A/D）两个子模块。其中在传感器部分，可以为各种参数分别设计传感器节点，也可以通过通道切换电路实现包括路径、方案、执行措施指令等传感器的选择性集成，从而实现单个节点具备多种参数的功能以降低网络成本。

② 处理模块：传感器采集的模拟信号经过 A/D 转换成数字信号后传给处理模块，处理模块根据任务需求对数据进行预处理，并将结果通过通信模块传送到监测网络。

③ 通信模块：无线传感网络采用的传输介质主要包括无线电、红外线和光波等。红外线对非透明物体的透过性极差，不适合在野外地形中使用。光波传输同样有对非透明物体透过性差的缺点，且在节点物理位置变化等方面的适应能力较差。因此，在多机器人的通信方式选择上，选用在通信方面没有特殊限制的无线电波方式以适应监测网络在未知环境中的自主通信需求。

④ 电源模块：电源模块由电源供电单元和动态电源管理单元组成。作为一个典型的无线传感器网络，处理模块主控制器和通信模块收发器大多数时间都处于休眠状态，可以节约大部分的节点能量消耗。

Crossbow 公司生产的无线传感模块功能比较完善，提供多种不同的无线发射频率，与计算机的接口配件比较齐全。采用 Crossbow 公司的 MPR400 处理器/射频板其硬件结构如图 4-13 所示。

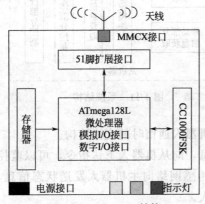

图 4-13   MPR400 结构

在无线传感网络中处理器模块使用较多的是 Atmel 公司的 AVR 系列单片机，它采用 RISC 结构，吸取了 PIC 及 8051 单片机的优点，具有丰富的内部资源和外部接口。集成度方面，其内部集成了几乎所有关键部件。指令执行方面，微控制单元采用哈佛结构，因此，指令大多为单周期。能源管理方面，AVR 单片机提供了多种电源管理方式，节省节点能源。可扩展性方面，提供了多个 I/O 口，并且和通用单片机兼容。

在 MPR400 中集成了在无线通信领域应用比较广泛的 CC1000 FSK 无线数传模块，CC1000 工作频带为 315MHz、868MHz、915MHz，具有低电压、低功耗、可编程输出功率、高灵敏度、小尺寸、集成了位同步器等特点，其 FSK 数传可达 72.8kbit/s。具有 250Hz 步长可编程频率能力，适用于跳频协议，主要工作参数能通过串行总线接口编程改变，使用非常灵活。

软件平台使用 Crossbow 公司开发的无线传感器网络开发平台 MoteWorks，它有节点端（Mote Tier）、中间件（Server Tier）、客户端（Client Tier）软件等。无线传感器协议的制定决定着整个系统的应用效率，采用分布式无线令牌环协议具有良好的稳定性和较短的时延特性，能够满足的较高的 QoS 需求。机器人作为科技尖端技术，应用新型的无线传感网络，使机器人通信系统的研究有着新的方向。

4.5   智能模糊传感器技术及其应用

4.5.1   智能模糊传感器技术

模糊传感器的研究最早出现在 20 世纪 80 年代末，它是模糊集合理论应用中发展较晚的一个领域，从此国内外的许多专家学者开始致力于这方面的研究，并且获得许多理论和应用成果。

　　E. Benoit 教授认为，模糊传感器必须依据数值测量关系，并且可以重新构造其结构，以适应不同的测量要求。D. Stipanicer 教授介绍了一种叫做"模糊眼"的模糊视觉传感器，对其原理和结构进行了研究，并将它成功地应用于一个位置控制系统，该系统可以捕捉、跟踪光源，实现手眼协同。H. Schodel 利用模糊集合理论，探讨了模糊传感器的非确定性信息传播、自校正、人机接口和语义划分等问题，并且利用模糊传感器对水中油污进行了测量。另外还有 Mauris 等人也都在模糊传感器方面取得了重要的研究成果。

　　对于模糊传感器系统而言，其测量结果的表示是一种基于语言符号化描述的符号测量系统。它是数值测量/语言符号化表示二者优势互补的一体化符号测量系统，是基于模糊集合理论实现数值/符号转换的一种智能传感器系统，目前已经成为测量领域的最新研究方向之一。

　　（1）模糊传感器的基本概念

　　模糊传感器是将数值测量与语言符号表示二者相结合而构成的一体化符号测量系统，是在传统数值测量基础上进一步给出拟人类语言符号描述的智能传感器系统。其中的核心环节是数值/语言符号转换环节。实现数值/语言符号转换功能的方式有多种，即由数值域到语言域的映射关系有多种存在形式。模糊传感器系统基于模糊集合理论进行数值/语言符号转换。根据上述基本概念，模糊传感器的原理框图如图 4-14 所示。

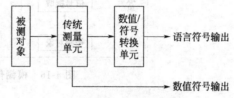

图 4-14　模糊传感器原理框图

　　传统测量单元完成传统的数值测量，给出测量结果的数值符号描述；数值/符号转换单元是核心单元，它基于模糊集合理论来完成将测量数值结果转换为拟人类语言描述。

　　（2）模糊传感器的结构

　　基于模糊测量原理，模糊传感器的基本逻辑结构由信号提取、信号处理、数值/符号转换和模糊概念合成四部分组成，如图 4-15 所示。

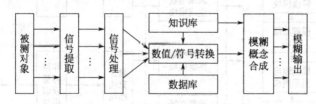

图 4-15　模糊传感器的基本逻辑结构

　　① 信号提取模块基于普通敏感探头获取被测物理量的参数值，完成待测量系统的信号检测任务。

　　② 信号处理模块的基本处理任务有三个：其一是对信号进行放大、滤波；其二是基于多传感器多信息融合算法，获得高选择性、高稳定性的测量值；其三是进行模数转换，与计算机之间进行信息传输。

　　③ 数值/符号转换单元是实现模糊测量的核心，由计算机完成。数值/符号转换单元是模糊传感器实现模糊测量的关键技术。模糊传感器测量被测物理量的准确性很大程度上取决于知识库与数据库。知识库包含两方面的内容：一方面为模糊集隶属函数的知识以及确定元素属于模糊集的隶属度，另一方面为模糊蕴涵推理规则。通常意义下，这一环节是由该领域的专家来完成的。但是不容忽视的是，专家的研究成果和丰富经验往往不易以

严格的规则形式描述。另外，如果所描述的模糊蕴涵关系复杂，则需要相当规模的模糊推理规则，实现模糊推理的运算量相当大。

④ 模糊概念合成模块根据知识库和数值/符号转换单元的输出进行模糊推理和合成，得出正确的拟人类语言测量结果。

根据上述模糊传感器的基本逻辑结构，可以设计出如图 4-16 和图 4-17 所示的一种模糊传感器基本物理结构与软件结构。

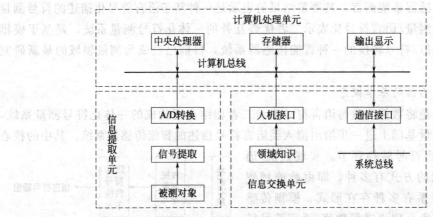

图 4-16　模糊传感器的基本物理结构

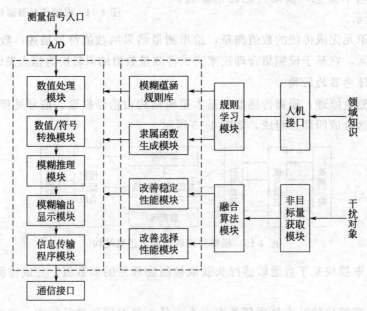

图 4-17　模糊传感器的基本软件结构

① 中央处理器　中央处理器完成的是对整个模糊传感器系统的管理和监督。它不仅包括对模糊传感器的自身进行管理，还包括接收上级系统的命令，启动或关闭模糊传感器的工作，并且根据上级系统的要求决定输出量的类型是数值量还是语言量等。

② 信息提取单元　负责将与被测对象有关的测量信息通过数据采集电路输入计算机，其中包括作用在被测对象上的干扰信息。

③ 信息交换单元　主要进行人机交互、录入专家知识以建立规则库，同时通过系统

总线提供通信接口，这些是模糊智能传感器系统所必须具备的功能。

④ 存储器　存储器包括存放的知识库与数据库，以及算法和学习软件。其中，通过软件实现语言符号的生成与处理，而构成软件的算法则是模糊理论中的模糊推理方法。

（3）模糊传感器的基本功能

作为一种新型的智能传感器，模糊传感器不但具备智能传感器的一般特点和功能，同时也具有自己独特的功能。

① 学习功能　模糊传感器的学习功能是其最重要的一种功能。例如模糊血压计，要使其直接反映出血压的"正常"和"不正常"，该模糊血压计首先要积累大量的反映血压正常的相关知识，其次还要将测量结果用人类所能接受的语言表达出来。从这个意义上讲，模糊血压计必须具备学习功能。

模糊传感器能够实现在专家指导下学习或者无需专家指导的自组织学习，并且能够针对不同的测量任务要求，选择合适的测量方案。从某种意义上来说，模糊传感器可以认为是一个完成特殊任务的小型专家系统。

② 推理功能　模糊传感器在接收到外界信息后，可以通过对人类知识的集成而生成的模糊推理规则实现传感器信息的综合处理，对被测量的测量值进行拟人类自然语言的表达等。对于模糊血压计来说，当它测到一个血压值后，首先通过推理，判断该值是否正常，然后用人类理解的语言，即"正常"或"不正常"来表达。为实现这一功能，推理机制和知识库（存放基本模糊推理规则）是必不可少的。

③ 感知功能　模糊传感器与传统传感器一样可以感知敏感元件确定的被测量，但是模糊传感器不仅可以输出数量值，而且可以输出易于人类理解和掌握的自然语言符号量，这是模糊传感器的最大特点。

④ 通信功能　模糊传感器具有自组织能力，不仅可以进行自检测、自校正、自诊断等，而且可以与上级系统进行信息交换。

4.5.2　模糊传感器在测量血压中的应用

测量血压是医学领域检查心血管病例的一种常见手段。医学专家测得某病人的血压以及了解到该病人的性别、年龄、职业、生活环境、饮食习惯等因素影响后，就可判断该病人血压是正常、偏高还是偏低。模糊血压传感器可实现上述医学专家所完成的功能。

（1）功能实现

为实现上述功能，首先要建立有关不同年龄、性别、职业人群的正常血压历史数据的模糊血压传感器的知识库；其次，医学专家依据临床经验定义属概念（如血压"正常"这个模糊概念）及其相应的初始隶属函数，模糊血压传感器则根据属概念通过语义关系产生其他新概念，进而得出新概念初始隶属函数；再次，模糊血压传感器还要通过学习调整各个概念的初始隶属函数，以满足实际测量要求；最后，模糊血压传感器根据最大隶属度原则，得出血液正常与否的判断结论。

实现上述功能程序流程如图 4-18 所示。

（2）隶属函数产生过程

对应某年龄段，选择一个最佳血压值 a，单位为 kPa，以此定义属概念初始隶属函数及通过概念产生办法建立其他概念初始隶属函数，分别为：①新概念"血压偏高"初始隶属函数 μ_{h0}；②属概念"血压正常"初始隶属函数 μ_{m0}；③新概念"血压偏低"

初始隶属函数 μ_{l0}。

实现上述功能程序流程如图 4-19 所示。

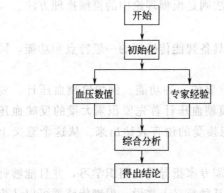

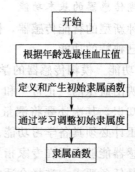

图 4-18　判断程序框图　　　　图 4-19　建立隶属函数程序框图

下面定义属概念"血压正常"初始隶属函数 μ_{m0} 为

$$\mu_{m0}=e^{-k(p-a)^2} \tag{4-1}$$

式中　k——大于零的常数；

　　　a——最佳血压值；

　　　p——实测血压值。

那么，通过概念产生办法产生新概念的初始隶属函数分别为

新概念"血压偏高"初始隶属函数

$$\mu_{h0}=\begin{cases}0,p\leqslant a\\1-e^{-k(p-a)^2},p>a(k>0)\end{cases} \tag{4-2}$$

式中　k——大于零的常数；

　　　a——最佳血压值；

　　　p——实测血压值。

新概念"血压偏低"初始隶属函数

$$\mu_{l0}=\begin{cases}0,p\leqslant a'\\1-e^{-k(p-a')^2},p>a'(k>0)\end{cases} \tag{4-3}$$

式中　k——大于零的常数；

　　　a'——某一给定血压值；

　　　p——实测血压值。

由式（4-2）和式（4-3）可以看出，新概念隶属函数均为属概念隶属函数 μ_{m0} 的函数形式。当常系数 $k=0.0025$，$a=6.7\mathrm{kPa}$ 时，可得出如图 4-20 所示的初始隶属函数曲线。

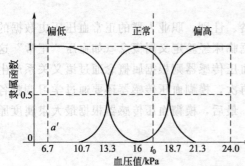

图 4-20　血压"偏高""正常""偏低"隶属函数

如前所述，由于性别、年龄、职业等对正常血压值的范围都有影响，因此要根据不同人对隶属函数作相应调整，模糊传感器通过学习可实现这一功能。

80

第 **5** 章

多传感器信息融合技术概述

5.1 多传感器信息融合的定义

多传感器信息融合,是指把分布在不同位置,处于不同状态的多个同类或不同类型的传感器所提供的局部不完整观察量加以综合处理,消除多传感器信息之间可能存在的冗余和矛盾,利用信息互补,降低不确定性,以形成对系统环境相对完整一致的理解,从而提高智能系统决策、规划的科学性,反应的快速性和正确性,进而降低决策风险的过程。

简单地说,多传感器信息融合是指对来自多个传感器的数据进行多级别、多方面、多层次的处理,从而产生新的有意义的信息,而这种新信息是任何单一传感器所无法获得的。它主要是基于机器人系统和武器系统中对多传感器数据的综合处理问题提出的。

因此,多传感器系统是信息融合的硬件基础,多源信息是信息融合的加工对象,协调优化和综合处理是信息融合的技术核心。

一般来说,信息融合是一个处理探测、互联、相关、估计以及组合多源信息和数据的多层面过程,目的是获得被测对象的准确的动态估计。所以信息融合的三个核心特征如下。

① 信息融合是在多个层次上完成对多源信息处理的过程,其中每一个层次都表示不同级别的信息抽象。

② 信息融合包括探测、互联、相关、估计以及信息组合。

③ 信息融合的结果包括较低层次上的状态估计,以及较高层次上的整个系统的状态估计。

5.2 多传感器信息融合的分类

由于考虑问题的出发点不同,信息融合目前有许多的分类方法。一种分类方法是按信息传递方式不同将其分为串联型信息融合、并联型信息融合或串并混合型信息融合;另一种根据处理对象的层次不同将其分为像素层融合、特征层融合和决策层融合。

（1）按信息传递方式分类

多传感器信息融合过程如图 5-1 所示，主要包括多传感器（信息获取）、数据预处理、数据融合中心（特征提取、数据融合计算）和结果输出等环节。由于被测对象多半为具有不同特征的非电量，如压力、温度、色彩和灰度等，因此首先要将它们转换成电信号，然后经过 A/D 转换将它们转换为能由计算机处理的数字量。数字化后的电信号由于环境等随机因素的影响，不可避免地存在一些干扰和噪声信号，通过预处理滤除数据采集过程中的干扰和噪声，以便得到有用的信号。预处理后的有用信号经过特征提取，并对某一特征量进行数据融合计算，最后输出融合结果。

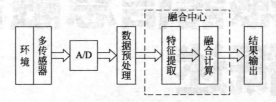

图 5-1　多传感器信息融合过程

① 串联型多传感器信息融合　串联型多传感器信息融合是指先将两个传感器数据进行一次融合，再把融合的结果与下一个传感器数据进行融合，依次进行下去，直至所有的传感器数据都融合完为止。串联融合时，每个传感器既具有接收数据、处理数据的功能，又具有信息融合的功能，各传感器的处理同前一级传感器输出的信息形式有很大的关系，最后一个传感器综合了所有前级传感器输出的信息，得到的输出将作为串联融合系统的最终结论。因此，串联融合时，前级传感器的输出对后级传感器输出的影响较大。串联型多传感器融合结构如图 5-2 所示。

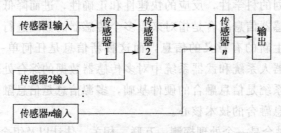

图 5-2　串联型多传感器融合结构

② 并联型多传感器信息融合　并联型多传感器信息融合是指所有传感器输出数据都同时输入给数据融合中心，传感器之间没有影响。融合中心对各种类型的数据按适当的方式进行综合处理，最后输出结果。因此，并联融合时，各传感器的输出之间不会相互影响。并联型多传感器融合结构如图 5-3 所示。

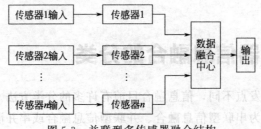

图 5-3　并联型多传感器融合结构

③ 串并联混合型多传感器信息融合　串并联混合型多传感器信息融合是串联和并联两种形式的综合，可以先串联后并联，也可以先并联后串联。

从应用角度来看，现代工业生产具有综合、复杂、大型、连续等特点，需要采用大量各式各样的传感器来监测和控制生产过程。在这种多传感器系统中，各传感器所提供信息的空间、时间、表达方式不同，可信度、不确定程度不同，侧重点和用途也不同。因此，将多传感器信息融合技术与工业控制相结合，可形成一种新的工业控制系统。这类系统的一种结构如图 5-4 所示。

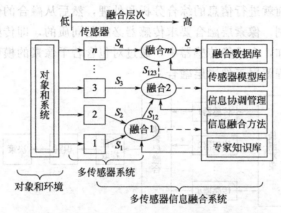

图 5-4　工业测控用多传感器信息融合系统结构

由 n 个传感器组成多传感器系统，提供对象及环境信息。假定系统需要对 m 个信息进行融合。传感器 1 和 2 的输出信息 S_1 和 S_2 在融合节点 1 融合成新的信息 S_{12}，它再与传感器 3 的信息在节点 2 融合成信息 S_{123}。如此下去，从 n 个传感器系统中获得的信息可以最终被融合成结果信息 S，送入融合数据库中。融合数据库存放了信息融合的结果，它也是监控系统数据库的一部分。对上述融合过程的几点说明如下。

a. 融合节点的输入/输出信息一般都是向量形式。一个融合节点可以融合多个输入信息。图 5-4 中只画出 2 个，为最简单的串联型融合系统。

b. 可以只有　个融合节点（$m-1$），这时 n 个传感器信息都是该节点的输入信息（即并联型融合系统）。中间各节点的融合结果也可作为输出直接送入融合信息库中，如图中虚线所示（串并联混合系统）。

图 5-4 中右边所示的几个模块说明如下。

a. 专家知识库。一般来说，信息融合的完成，除了具有适当的融合算法外，还应当有必要的先验知识进行有监督的融合。特别是在实际的工业监控系统中更是如此，这些领域的知识就构成了专家知识库。

b. 传感器模型库。存放了所用的传感器模型，它们定量地描述了传感器的特性以及各种外界条件对传感器特征的影响。

c. 信息协调管理。一般情况下，多传感器往往从不同的坐标系对环境中的同一特性进行描述，它们所表示的时间、空间和表达方式可能各不相同，必须将它们统一到一个共同的时空参考体系中。该模块完成了时间因素、空间因素和工作因素的全面协调管理，并对传感器进行选择，投入最合适和可靠的传感器组以适应不同的条件。

d. 信息融合方法。对不同的任务和不同的对象采用不同的方法，或者综合使用几种方法。这方面的内容是多传感器信息融合的核心。

（2）按处理对象的层次不同分类

信息融合对多源信息进行多级处理，每一级处理都是对原始数据一定程度上的抽象化，它主要包括对信息的检测、校准、关联和估计等处理。信息融合按其在融合系统中信息处理的抽象程度，可以分为三个层次：像素层融合、特征层融合、决策层融合。

① 像素层融合　像素层融合如图5-5所示。在信息处理层次中像素层融合的层次较低，故也称其为低级融合。它是直接在传感器采集到的原始观测信息层上进行融合，即在原始信息未经预处理前就进行信息的综合分析和处理，然后从融合的信息中进行特征向量的提取，进行目标识别。像素层融合要求传感器必须是同质的，即传感器观测的对象是同一物理量或现象。例如，在成像传感器中，通过对包含若干像素的模糊图像进行处理并进而确认目标属性的过程就属于像素层融合。

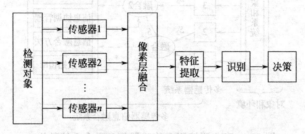

图 5-5　像素层融合

像素层融合的主要优点在于它能保持尽可能多的现场数据，提供其他融合层次不能提供的细微信息，由于没有信息损失，因此它具有较高的融合性能。

像素层融合的缺点主要有：

a. 此类融合是在底层进行的，信息的稳定性差，不确定性和不完全性严重，要求具有较高的纠错能力；

b. 处理的信息量大，对计算机的容量和速度要求较高，所需处理时间较长，实时性差；

c. 要求各传感器信息间有像素层的校准精度，这些信息应来自同质传感器；

d. 要求数据类别相同，且在处理前要作时空校准；

e. 数据通信量大，抗干扰能力差。

像素层融合通常用于：多源图像复合及图像分析和理解、同类（同质）雷达波形的直接合成、多传感器数据融合及滤波等。

② 特征层融合　特征层融合如图5-6所示。特征层融合属于中间层次，一般称其为中级融合。该层融合首先对采集到的原始信息提取一组特征信息，形成特征矢量，并在对

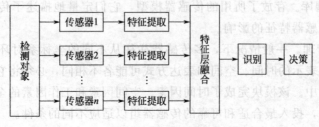

图 5-6　特征层融合

目标进行分类或其他处理前对各组信息进行融合。

特征层融合采用分布式或集中式的融合体系，特征提取中提取特征信息的过程是对信息充分统计的过程，对传感器信息进行了特征分类与汇集，故特征层融合实现了一定程度上的信息压缩，便于实时处理。由于所提取的特征一般与决策分析有直接关系，因而融合结果能最大限度地辅助决策分析。

特征层融合可细分目标状态信息融合和目标特性信息融合。目标状态信息融合主要实现状态向量估计、参数估计，多用于多传感器目标跟踪领域。目标特性信息融合实质上就是识别问题，常见的方法有神经网络、K 阶最近邻法、特征压缩和聚类方法等。在融合前必须先对特征进行处理，把特征向量分类成有意义的组合。

特征层融合的优点在于实现了可观的信息压缩，有利于实时处理，由于提取的特征直接与决策分析有关，因而融合结果能最大限度地给出决策分析所需的特征信息。

③ 决策层融合　决策层融合如图 5-7 所示。决策层融合是一种高层次融合，故也称其为高层融合。首先每个传感器完成对原始信息处理（预处理、特征抽取、识别或判决），建立对所观察对象的初步结论，然后通过各个传感器关联进行局部决策层的融合处理，获得最终融合结果，其结果为控制决策提供依据。

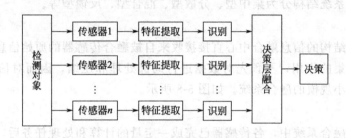

图 5-7　决策层融合

因此，决策层融合必须从具体决策问题的需求出发，充分利用特征层融合所提取得测量对象的各类特征信息，采用适当的融合技术来实现。决策层融合是三层融合的最终结果，直接针对具体决策目标，融合的结果直接影响决策水平。决策层融合有三种形式：决策融合、决策及其可信度融合和概率融合，而决策层所采用的方法主要有 D-S 证据理论、贝叶斯推理、专家系统方法、模糊集理论等。

决策层融合的主要优点有：

a. 容错性强，即当某个或某些传感器出现错误时，系统经过适当融合处理，仍能得到正确的结果，把传感器出现错误的影响减到最低限度；

b. 对计算机的要求较低，运算量小，实时性强；

c. 对传感器的依赖性小，传感器可以是同质的，也可以是异质的；

d. 能有效地反映环境或目标各个侧面的不同类型信息；

e. 通信量小，抗干扰能力强，灵活性高。

决策层融合的主要缺点是信息损失大，性能相对较差。

三个融合层次优缺点的对比如表 5-1 所示。

表 5-1   三种融合层次的特点比较

融合层次	像素层融合	特征层融合	决策层融合
处理信息量	大	中	小
信息量损失	小	中	大
抗干扰性能	差	中	优
容错性能	差	中	优
算法难度	难	中	易
实时性	差	中	好
融合水平	低	中	高

5.3 多传感器信息融合的系统结构

多传感器信息融合通常是在一个被称为信息融合中心的信息综合处理器中完成，而一个信息融合中心本身可能包含另一个融合中心。由于多传感器信息融合可以是多层次、多方式的，因此研究融合的系统结构十分必要。根据信息融合处理方式的不同，可以将多传感器信息融合的系统结构分为集中型、分散型、混合型、反馈型等。

（1）集中型

集中型融合结构的信息融合中心直接接收来自被融合传感器的原始信息，此时传感器仅起到了信息采集的作用，不预先对数据进行局部处理和压缩，因而对信道容量要求较高，一般适用于小规模的融合系统。如图 5-8 所示。

（2）分散型

分散型信息融合系统中，各传感器已完成一定量的计算和处理任务后，将压缩后的传感器数据送到融合中心，融合中心将接收到的多维信息进行组合和推理，最终得到融合结果。这一结构的优点是结构冗余度高、计算负荷分配合理、信道压力轻，但由于各传感器进行局部信息处理，阻断了原始信息间的交流，可能会导致部分信息的丢失，一般适用于远距离配置的多传感器系统。该信息融合的结构如图 5-9 所示。

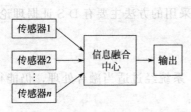

图 5-8 集中型多传感器信息融合

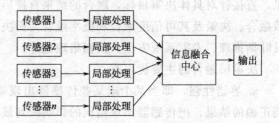

图 5-9 分散型多传感器信息融合

（3）混合型

混合型多传感器信息融合的结构如图 5-10 所示。它吸收了分散型和集中型信息融合结构的优点，既有集中处理，又有分散处理，各传感器信息均可被多次利用。这一结构能得到比较理想的融合结果，适用于大型的多传感器信息融合，但其结构复杂，计算量很大。

（4）反馈型

当系统对处理的实时性要求很高的时候，如果总是试图强调以最高的精度去融合多传感

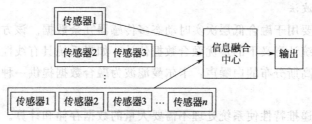
图 5-10 混合型多传感器信息融合

器系统的信息，则无论融合的速度多快都不可能满足要求，这时，利用信息的相对稳定性和原始积累对融合信息进行反馈再处理将是一种有效的途径。当多传感器系统对外部环境经过一段时间的感知，传感系统的融合信息已能够表述环境中的大部分特征，该信息对新的传感器原始信息融合具有很好的指导意义。在图 5-11 中，信息融合中心不仅接收来自传感器的原始信息，而且接收已经获得的融合信息，这样能够大大提高融合的处理速度。

图 5-11 反馈型多传感器信息融合

5.4 多传感器信息融合的方法

多个传感器所获取的关于对象和环境全面、完整的信息，主要体现在融合算法上。多传感器信息融合也要靠各种具体的融合方法来实现。目前多传感器数据融合虽然未形成完整的理论体系和有效的融合算法，但在不少应用领域根据各自的具体应用背景，已经提出了许多成熟并且有效的融合方法。

多传感器信息融合的常用方法可以分为以下四类：估计方法、分类方法、推理方法和人工智能方法，如图 5-12 所示。

（1）加权平均法

该方法是最简单最实用的实时处理信息的融合方法，其实质是将来自各个传感器的冗余信息进行处理后按照每个传感器所占的权值来进行加权平均，将得到的加权平均值作为融合的结果。该方法实时处理来自传感器的原始冗余信息，比较适合用于动态环境中，但使用该方法时必须先对系统与传感器进行细致的分析，以获得准确的权值。

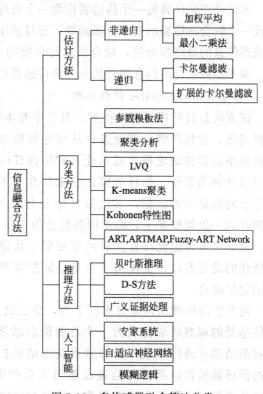
图 5-12 多传感器融合算法分类

（2）卡尔曼滤波法

卡尔曼滤波主要用于融合低层次实时动态多传感器冗余数据。该方法用测量模型的统计特性递推，决定统计意义下的最优融合数据估计。如果系统具有线性动力学模型，且系统与传感器噪声是高斯分布的白噪声，卡尔曼滤波为融合数据提供一种统计意义下的最优估计。

卡尔曼滤波的递推特性使系统处理不需要大量的数据存储和计算。但是，采用单一的卡尔曼滤波器对多传感器组合系统进行数据统计时，存在很多严重的问题：一方面，在组合信息大量冗余的情况下，计算量将以滤波器维数的三次方剧增，实时性不能满足；另一方面，传感器子系统的增加使故障随之增加，在某一系统出现故障而没有来得及被检测出时，故障会污染整个系统，使可靠性降低。

（3）基于参数估计的信息融合方法

基于参数估计的信息融合方法主要包括最小二乘法、极大似然估计、贝叶斯估计和多贝叶斯估计。数理统计是一门成熟的学科，当传感器采用概率模型时，数理统计中的各种技术为传感器的信息融合提供了丰富内容。

极大似然估计是静态环境中多传感器信息融合的一种比较常用的方法，它将融合信息取为使似然函数达到极值的估计值。

贝叶斯估计为数据融合提供了一种手段，是融合静态环境中多传感器高层信息的常用方法。它使传感器信息依据概率原则进行组合，测量不确定性以条件概率表示，当传感器组的观测坐标一致时，可以直接对传感器的数据进行融合，但大多数情况下，传感器测量数据要以间接方式采用贝叶斯估计进行数据融合。

多贝叶斯估计将每一个传感器作为一个贝叶斯估计，将各个单独物体的关联概率分布合成一个联合的后验的概率分布函数，通过使用联合分布函数的似然函数为最大，提供多传感器信息的最终融合值，融合信息与环境的一个先验模型提供整个环境的一个特征描述。基于参数估计的信息融合法作为多传感器信息的定量融合非常合适。

（4）Dempster-Shafer 证据推理

该方法是贝叶斯推理的扩展，其三个基本要点是：基本概率赋值函数、信任函数和似然函数。它将严格的前提条件从仅是可能成立的条件中分离开来，从而使任何涉及先验概率的信息缺乏得以显示化。它用信任区间描述传感器的信息，不但表示了信息的已知性和确定性，而且能够区分未知性和不确定性。多传感器信息融合时，将传感器采集的信息作为证据，在决策目标集上建立一个相应的基本可信度，这样，证据推理能在同一决策框架下，将不同的信息用 Dempster 合并规则合并成一个统一的信息表示。证据决策理论允许直接将可信度赋予传感器信息的合取，既避免了对未知概率分布所作的简化假设，又保留了信息。证据推理的这些优点使其广泛应用于多传感器信息息的定性融合。

此方法的推理结构是自上而下的，分三级。第一级为目标合成，其作用是把来自独立传感器的观测结果合成为一个总的输出结果。第二级为推断，其作用是获得传感器的观测结果并进行推断，将传感器观测结果扩展成目标报告。这种推理的基础是：一定的传感器报告以某种可信度在逻辑上会产生可信的某些目标报告。第三级为更新，各种传感器一般都存在随机误差，所以在时间上充分独立地来自同一传感器的一组连续报告比任何单一报告可靠。因此，在推理和多传感器合成之前，要先组合（更新）传感器的观测数据。

（5）产生式规则

产生式规则采用符号表示目标特征和相应传感器信息之间的联系，与每一个规则相联系的置信因子表示它的不确定性程度。当在同一个逻辑推理过程中，两个或多个规则形成一个联合规则时，可以产生融合。应用产生式规则进行融合的主要问题是每条规则的置信因子与系统中其他规则的置信因子相关，这使得系统的条件改变时，修改相对困难，如果系统中引入新的传感器，需要加入相应的附加规则。

（6）模糊逻辑推理

多传感器系统中，各信息源提供的环境信息都具有一定程度的不确定性，对这些不确定信息融合过程实质上是一个不确定性推理过程。模糊逻辑是多值逻辑，通过指定一个 0～1 之间的实数表示真实度，相当于隐含算子的前提，允许将多个传感器信息融合过程中的不确定性直接表示在推理过程中。如果采用某种系统化的方法对融合过程中的不确定性进行推理建模，则可以产生一致性模糊推理。

模糊逻辑推理与概率统计方法相比，存在许多优点，它在一定程度上克服了概率论所面临的问题，对信息的表示和处理也更加接近人类的思维方式。它一般比较适合于高层次的应用（如决策），但是，逻辑推理本身还不够成熟和系统化。此外，由于逻辑推理对信息的描述存在很大的主观因素，所以，信息的表示和处理缺乏客观性。

（7）神经网络

神经网络具有很强的容错性以及自学习、自组织及自适应能力，能够模拟复杂的非线性映射。神经网络的这些特性和强大的非线性处理能力，恰好满足了多传感器数据融合技术处理的要求。在多传感器系统中，各信息源所提供的环境信息都具有一定程度的不确定性，对这些不确定信息的融合过程实际上是一个不确定性推理过程。

神经网络根据样本的相似性，通过网络权值表述在融合的结构中，首先通过神经网络特定的学习算法来获得知识，得到不确定性推理机制，然后根据根据这一机制进行融合和再学习。神经网络的结构本质上是并行的，这为神经网络在多传感器信息融合中的应用提供了良好的前景。基于神经网络的多信息融合具有以下特点：

① 具有统一的内部知识表示形式，并建立基于规则和形式的知识库；

② 神经网络的大规模并行处理信息能力，使系统的处理速度很快；

③ 能够将不确定的复杂环境通过学习转化为系统理解的形式；

④ 利用外部信息，便于实现知识的自动获得和并行联想推理。

常用的信息融合方法及特征比较如表 5-2 所示。通常使用的方法依具体的应用而定，并且由于各种方法之间的互补性，实际上，常将两种或两种以上的方法进行多传感器信息融合。

表 5-2　常用的信息融合方法及特征比较

融合方法	运行环境	信息类型	信息表示	不确定性	融合技术	适用范围
加权平均	动态	冗余	原始读数值		加权平均	低层数据融合
卡尔曼滤波	动态	冗余	概率分布	高斯噪声	系统模型滤波	低层数据融合

续表

融合方法	运行环境	信息类型	信息表示	不确定性	融合技术	适用范围
贝叶斯估计	静态	冗余	概率分布	高斯噪声	贝叶斯估计	高层数据融合
统计决策理论	静态	冗余	概率分布	高斯噪声	极值决策	高层数据融合
证据推理	静态	冗余互补	命题		逻辑推理	高层数据融合
模糊推理	静态	冗余互补	命题	隶属度	逻辑推理	高层数据融合
神经网络	动/静态	冗余互补	神经元输入	学习误差	神经元网络	低/高层
生产式规则	动/静态	冗余互补	命题	置信因子	逻辑推理	高层数据融合

第6章

多传感器的定量信息融合

在多传感器信息融合系统中，每一种传感器所提供的信息都不可避免地受环境状态和传感器本身特性这两种因素的制约。环境状态是指传感器的运行条件，例如环境的温度、湿度、能见度、振动、电磁辐射、尘埃以及被探测目标的特性等不确定性因素，它们都对传感器的观测值有影响。传感器本身的特性是指由传感器的工作原理和结构所限定的传感器特性。例如，传感器的灵敏度、分辨度、作用范围、抗干扰能力等。产生这些因素的原因包括测量噪声、背景噪声、传感器输出偏差以及传感器可能的故障等。

本章在讨论传感器建模问题基础上，研究将单一传感器多次采集的数据或多种同质传感器采集的描述同一环境特征的信息，经过定量信息融合，以消除单一数据的不确定性。定量信息融合是数据到数据的转换，即将多个同类数据经过信息融合形成一致性检验，将那些错误的、虚假的测量值从数据总体中去掉。错误的数据来自传感器故障等因素，虚假数据则是由测量过程中坏境因素受到干扰导致的。

6.1 传感器的建模

传感器模型是对物理传感器及其处理过程的抽象表达，其目的在于定量描述传感器根据自身观察值提取环境特征的能力。它应该既具有描述传感器自身特征的能力，又具有描述各种外界条件对传感器施加影响的能力以及描述传感器之间相互作用的能力。传感器建模就是为了定量地描述传感器的特性以及各种外界条件对传感器特性的影响而提出的，它是分析多传感器信息融合技术的基础之一。

由于一个传感器系统往往由很多传感器组成，它们之中不仅有同质的传感器，还有异质的传感器，而传感器测量的最终目的是正确描述环境对象，为此，建立传感器模型必须考虑以下几个原则：

① 传感器模型必须能反映观察中的不确定性。这种不确定性是由测量噪声、量化噪声、外界干扰、系统误差等多种因素引起的，如何消除这些不确定性，是传感器信息融合

目的之一。

② 传感器模型必须能方便地在同一参照系内表达。当两个或多个传感器在不同参照系内获取其观察值,是多视点问题,只有将它们进行数据转换才适合融合算法。

③ 传感器模型中必须包括一系列环境特征向量及有关这些特征的先验知识。模型中包括环境特征向量是必然的,而包括特征的先验知识则可以使传感器在抽取环境特征时更为有效。

从这些条件出发,将传感器建立为概率模型是一种常见的方法。概率本身固有的特性使其非常适合于描述对环境观察的不确定性,而且使用概率分布来描述环境的观察信息,可以选用已经比较成熟的方法对这些信息进行分析。在共同的概率框架中,对描述不同类型的信息便于以一种一致的方式进行比较和融合,这对于多传感器融合是有利的。由于使用共同的建模策略,在原有的多传感器融合系统中增加新的传感器,不会给新模型的建立和分析增加很多困难。

DurrantWhyte 以概率模型为工具,建立了传感器及其系统模型。设传感器的观察值为 z_i,基于观察值的决策函数为 δ_i,决策行为为 a_i,有 $a_i = \delta_i(z_i)$。将多传感器融合系统看成一个传感器队列,其中每个传感器是队列的一员,每个成员用一种信息结构表示,第 i 个传感器的信息结构记为 η_i,描述的是该传感器的观察值 z_i 与该传感器的物理状态 x_i、该传感器的先验概率分布函数 p_i 以及其他成员的行动 $a_j(j \neq i)$ 之间的关系,即

$$z_i = \eta_i(x_i, p_i, a_1, \cdots, a_{i-1}, a_{i+1}, \cdots, a_n) \tag{6-1}$$

这样,传感器队列的信息结构可用 n 组 $\overline{\eta} = (\eta_1, \eta_2, \cdots, \eta_n)$ 表示,决策函数用 $\overline{\delta} = (\delta_1, \delta_2, \cdots, \delta_n)$ 表示,信息融合的目的就是要得到个一致对决策 a,它对环境特征的描述优于任何单独的决策 $a_i(i = 1, 2, \cdots, n)$。

分析式(6-1),将 x_i、p_i、$a_j(j = 1, 2, \cdots, n, j \neq i)$ 对 z_i 的作用解耦,则可获得传感器的三个分量模型,分别称其为状态模型 η_i^x、观测模型 η_i^p 和相关模型 η_i^δ。其中状态模型是为了描述观察值对传感器位置、外部状态的依赖性;观察模型描述的是当传感器的位置、状态已知,其他传感器的决策已知时传感器的测量特征;相关模型描述其他传感器对此传感器的影响。下面分别讨论这三种模型。

6.1.1 观测模型

观测模型实质上是考虑传感器噪声的一种模型,它本质上是传感器性能的一种静态描述,是传感器关于环境特征的观测与实际特征之间的关系描述。例如用摄像机采集景物图像时,观测模型就应当描述出这个摄像机从图像中抽取边沿和物体表面参数的能力。它需要表示出其各种不确定性的分布及传感器的特性,对传感器的观测信息进行重构。

现采用一种条件概率密度函数 $f_i(z_i|p_i)$ 来描述这一模型,其中 p_i 是参数空间的一个点,z_i 是对 p_i 的观测值。使用条件概率可以方便地将三个传感器分量模型解耦。即

$$\eta_i = f(z_i/x_i, p_i, \overline{\delta}) = f(z_i/p_i)f(z_i/p_i)f(z_i/\overline{\delta_i}) = \eta_i^x \eta_i^p \eta_i^\delta \tag{6-2}$$

由于 $f_i(z_i|p_i)$ 的确定形式取决于许多物理因素,而且在测量不确定性中包括许多非噪声误差(如算法误差等)是无法建模的,如果考虑计算复杂性,某些数学建模在实际应用中又是没有意义的,因此在决策理论中常常应用简单的高斯模型。高斯模型的缺点是它

第6章 多传感器的定量信息融合

对信息的要求过高，观测值偏离假设模型一个很小的值就可能导致一种灾难性的结果，即模型的鲁棒性差，因此采用下面的更为一般的分布模型。

$$F = (1-\varepsilon)F_0 + \varepsilon H_j \tag{6-3}$$

式中，F_0 为普通分布；H_j 为未知的误差分布；ε 为任意小的正数。

如果这个普通分布 F 经有限时间的聚类处理收敛为一个高斯模型，则可以用高斯分布代替分布 F。则 $f_i(z_i|p_i)$ 具有下列形式：

$$\eta_i^p = f_i(z_i|p_i) = \frac{1-\varepsilon}{(2\pi)^{m/2}|V_{1i}|^{1/2}} \exp\left[-\frac{1}{2}(z_i-p_i)^\mathrm{T}V_{1i}^{-1}(z_i-p_i)\right]$$
$$+ \frac{\varepsilon}{(2\pi)^{m/2}|V_{2i}|^{1/2}} \exp\left[-\frac{1}{2}(z_i-p_i)^\mathrm{T}V_{2i}^{-1}(z_i-p_i)\right] \tag{6-4}$$

其中，$0.01<\varepsilon<0.05$，且有 $|V_{1i}| \ll |V_{2i}|$。

这个模型的实质是，在大部分时间内传感器的观测模型属于高斯分布，即符合均值为 p、方差为 V_1 的正态分布，但偶尔有虚假观测值符合均值为 p、方差为 V_2 的正态分布。这一模型表明，传感器在指定范围内的观测是相当精确的，而当产生误校准、虚假匹配和软件误差等问题时，该模型又有较强的鲁棒性。

在实际应用中，当系统对鲁棒性要求不高时，为了计算方便，高斯分布模型仍被广泛用于各种融合技术，同样取得了很好的效果。或者，首先对传感器的测量值进行一致性检验，然后再融合，以消除第二部分的污染噪声。

6.1.2 相关模型

相关模型描述的是不同传感器观测信息之间的依赖关系，例如当一个视觉传感器所采集的观测信息要依赖于另一个视觉传感器提供观测信息时，它们之间的关系就应在相关模型中表示。即

$$\eta_i^\delta = f_i(z_i/\overline{\delta_i}) = f_i[z_i/\delta_1(z_1),\cdots,\delta_{i-1}(z_{i-1}),\delta_{i+1}(z_{i+1}),\cdots,\delta_n(z_n)] \tag{6-5}$$

在实际应用中，有 $\delta_j(z_j) \in P(j=1,\cdots,n, j\neq i)$，即这些传感器决策提供的均为几何参数空间的点。这些点代表了相应的环境特征，因此也可以将相关模型 $f_i[z_i|\delta_j(z_j)]$ 看作是由第 j 个传感器观测到的几何特征到第 i 个传感器观测到的几何特征的一种随机转换。这就解决了在不同传感器之间寻求一种"共同语音"的问题，使由传感器 j 到 i 的信息交换顺利进行。

在式（6-5）中，z_i 是第 i 个传感器对参数向量 p_i 的观测值，而 δ_i 则是其他传感器对 i 传感器提供的与特征 p_i 相关的一些先验信息，若这些先验知识以概率分布 $f(\overline{\delta_i})$ 统计描述，那么还可以把相关模型视为在已知先验 $f(\overline{\delta_i})$ 情况下，观测值 z_i 的后验概率。

将 $f_i(\overline{\delta_i})$ 理解为先验概率以后，就可能将其扩展为一系列的条件概率。例如假定各决策的制定是以 $1,2,3,\cdots,n-1,n$ 号传感器的顺序进行的，则 $f_i(\overline{\delta_i})$ 可表示为：

$$f_i(\overline{\delta_i}) = f_i(\delta_n|\delta_1,\cdots,\delta_{n-1})f_i(\delta_{n-1}|\delta_1,\cdots,\delta_{n-2})\cdots f_i(\delta_2|\delta_1)f_i(\delta_1) \tag{6-6}$$

其中，每一个条件概率 $f_i(\delta_j|\overline{\delta_j})$ 代表了当 $1\sim(j-1)$ 号（其中不包括第 i 号）传感器提供的信息已知时，第 j 号传感器对第 i 号传感器的信息贡献。采用一种更为简化的形式，假定 n 个传感器的决策以一种马尔可夫序列的方式进行，即第 j 号传感器的决策

仅仅依赖于第 $j-1$ 号传感器，而与其他传感器无关，则式（6-6）可简化为：

$$f_i(\overline{\delta_{i-1}})=f_i(\delta_1,\cdots,\delta_{i-1})=f_i(\delta_{i-1}|\delta_{i-2})f_i(\delta_{i-2}|\delta_{i-2})\cdots f_i(\delta_2|\delta_1)f_i(\delta_i)$$

$$(6-7)$$

6.1.3　状态模型

状态模型是传感器性能的一种动态描述，它描述的是传感器的观测信息与传感部件的设置或物理状态之间的相互关系。根据这一模型，就能够较为方便地解决多视点问题。例如设置在一个移动机器人上的摄像机往往需要改变它的观测方向或镜头的焦距以获得所需的观测信息，这时必须使用传感器的状态模型来描述传感器观测值对它的位置、内部状态的依赖关系。这实际上解决的是不同坐标系中的传感器之间的转化问题，即通过状态模型 $f_i(z_i|x_i)$ 将传感器的观测模型 $f_i(z_i|p_i)$ 和提供先验信息的相关模型 $f_i(z_i|\overline{\delta_i})$ 转换到当前的传感器坐标系。

考虑一个移动的传感器在空间的位置为 $X=(x, y, z, \phi, \theta, \psi)^T$，观测由参数向量 P 描述的几何物体 $g(x, p)=0$。为简化计算，其观测模型采用高斯形式，即静态时观测值满足 $z_i \sim N(p, v_p)$，现用一个坐标变换系统来描述传感器状态的改变

$$X=H(t)X, H(t)为变换阵$$

$$(6-8)$$

其中，$H(t)$ 为坐标变换阵，则在此变换阵下，高斯观测模型中的均值与方差分别变换为：

$$P(X)=H(t)P, V_p(X)=j(X,t)V_pJ(X,t)^T$$

$$(6-9)$$

其中，$J(X,t)=\dfrac{\partial H(t)}{\partial X}$ 为雅可比阵。则此时基于传感器位置状态的观测模型为

$$z_i \sim N[P(x), V_p(X)]$$

$$(6-10)$$

这反映了传感器的位置状态信息对观测噪声的影响。描述先验信息的相关模型变换也与此类似，可以通过相应的模型参数实现矩阵变换。

进一步考察状态模型 $f_i(z_i|x_i)$ 会发现，它描述的实际上是基于状态向量 x_i 的特征观测值的后验概率。在这一模型中，观测值分布的均值与方差均是状态 X 的函数，这样可以通过这一模型来确定符合一定要求的状态 X 的值。比如可以采用使 $V_p(X)$ 最小的准则（即使观测值的不确定性最小）来决定相应传感器的位置状态 X。

6.2　传感数据的一致性检验

对于数据的一致性检验问题，可以从下面几个方面把握：

① 数据是否来自同一环境的同一特征，若环境特征建模为概率分布并用均值向量 u 来表示，两次测量的观察特征为 u_1、u_2，一致性检验问题转化为假说 $H_0=u_1=u_2$ 是否为真。H_0 为真则说明两次测量的数据一致；否则，其中至少有一个数据是错误的，应予去除。

② 如将传感器的每次测量的数据作为样本空间内的一个模式，则一致的传感器数据其模式是相近的甚至是同一化的，这样，数据的一致性检验问题化为模式距离的检验或聚类问题。有理由相信，正确测量的传感器数据在模式空间内将表现出同一类的特征，即每一类中的样本尽可能地接近，与其他类别则显著不同，模式间两两距离小于一定值的数值

成为一致性数据，或聚类分析中包含模式最多的一类数据作为一致的传感器测量值，除此以外的为错误测量值，在融合前被去除。

6.2.1　假设检验法

当传感器的测量数据总体上呈正态分布时，考虑一维情况，设每次观测的数学模型为：

$$p_i(z_i \mid u_i) = \frac{1}{\sqrt{2\pi}\sigma_i} \exp\left[-\frac{(z_i - u_i)^2}{2\sigma_i^2}\right] \tag{6-11}$$

式中，z_i 为测量值；σ_i 为测量方差；u_i 为均值，并代表环境特征。

先考虑两个传感器数据的一致性检验。由前面提出的假设检验法，一致性检验的问题化为已知测量值 z_1、z_2，分别符合高斯分布 $z_1 \sim N(u_1, \sigma_1^2)$、$z_2 \sim N(u_2, \sigma_2^2)$，根据 z_1、z_2 判断 $u_1 = u_2$，还是 $u_1 \neq u_2$，从而将问题转化为两个假设

$$H_0: u_1 - u_2 = \delta = 0 \qquad\qquad H_1: u_1 - u_2 = \delta \neq 0$$

当 $|z_1 - z_2| < k$ 时，可认为 $u_1 - u_2 = 0$，即可以接受 H_0。当 $|z_1 - z_2| \geq k$ 时，拒绝假设 H_0。由于 $|z_1 - z_2|$ 与 $|z_1 - z_2|(\sigma_1^2 + \sigma_1^2)^{-1/2}$ 仅差一个正数因子，可将上述判定 H_0 是否为真的准则写为

① 当 $|z_1 - z_2|(\sigma_1^2 + \sigma_1^2)^{\frac{1}{2}} < k$ 时，接受 H_0；

② 当 $|z_1 - z_2|(\sigma_1^2 + \sigma_1^2)^{\frac{1}{2}} \geq k$ 时，拒绝 H_0。

阈值 k 根据显著性水平 α 决定。α 表明了实际上假设 H_0 为真而样本作出的判断却拒绝了该假设 H_0 时的错误概率的上限，即 $p_{dc} = p\{拒绝 H_0 \mid H_0 为真\} \leq \alpha$，又可写为

$$p_{dc} = p_{|z_1 - z_2| \in H_0}\left\{\frac{|z_1 - z_2|}{\sqrt{\sigma_1^2 + \sigma_2^2}} \geq k\right\} \leq \alpha \tag{6-12}$$

此类错误称为"弃真"。另有一类"取伪"错误，即当实际上 H_0 为假，而样本却作出了接受 H_0 的错误判断，其错误概率为 $p_{false} = p\{拒绝 H_0 \mid H_0 为真\}$。一般来说，当样本容量一定时，若减少某一类错误概率则会相应增加犯另一类错误的概率。由于 z_1、z_2 为正态分布，则 $|z_1 - z_2|$ 也为正态分布，且有 $|z_1 - z_2| \sim N(u_1 - u_2, \sigma_1^2 + \sigma_2^2)$。而当 H_0 为真时有 $\dfrac{|z_1 - z_2|}{\sqrt{\sigma_1^2 + \sigma_2^2}} \sim N(0, 1)$。由标准正态分布的分位点的定义有 $k = z_{\alpha/2}$，所以产生了下列判别式

$$当 \frac{|z_1 - z_2|}{\sqrt{\sigma_1^2 + \sigma_2^2}} < k = z_{\alpha/2} 时，H_0 为真，即 u_1 = u_2 \tag{6-13}$$

其中，$z_{\alpha/2}$ 可由正态分布表查出。

式 (6-13) 即为应用经典的数理统计技术中的 u 检验法来判定两个传感器测量数据是否一致（或一个传感器二次测量的数据是否一致）的判断准则。

可以方便地将上述在两个传感器之间进行的数据一致性检验扩展到多个传感器组成的系统，对 N 个数据进行一致性检验。其算法如下。

① 在计算机内存中产生一个表，分别存放 α 与 k 值。不同的 α 对应不同的 k，$k = z_{\alpha/2}$；

② 以随机顺序输入测量数据 z_i（$i = 1, 2, \cdots, N$）；

③ 输入期望的 α，查表得到相应的 k，并令 $i = 1$；

④ 令 class[m]＝i （m 为数据的组数）；

⑤ 计算 $d_{ij}=\dfrac{|z_i-z_j|}{\sqrt{\sigma_1^2+\sigma_2^2}}$；

⑥ 判别若是 $d_{ij}<k$，则将 j 放入 i 的类别，即 class[m]＝j，否则，将 j 放入 false 数组，即 false＝j；

⑦ 判别 false 数组中元素个数是否为 1，若是，则转⑨，否则继续执行；

⑧ 将传感器号码与 false 数组中元素数值对应的那些传感器测量值送回 z 组数，即 i＝false[1]，j＝false[k＋1]，然后重复④～⑦；

⑨ 将几个 class[m] 数组中元素个数最多的一个对应的数值送入 correct 数组中保存，作为一致的传感器代号；

⑩ 将数组 z_i 的排序逆转，即 $z_1=z_{\text{false}[1]}$，$z_i=z_{\text{class}[m][n]}$，i＋＋，n－－，m－－；

⑪ 按④～⑧重新分类，将分类结果与原来的 *correct* 数组作比较，若一致则继续执行，否则转回步骤③，并选择不同的 α；

⑫ 输出 correct 数组的内容，它代表着在此显著性水平 α 下的一致传感器的代号。

以上提出的 u 检验法是针对一维空间的，在传感器数组为多维的情况下，可根据维数压缩的方法将多维数据转换到一维空间，再采用上述的 u 检验法。

6.2.2 距离检验法

设有测量数据集 $X=\{x_1,x_2,\cdots,x_m\}$，则在实数空间上定义距离函数 $\delta(x,y)$，并有如下性质：

① $\delta(x,y)\geqslant 0$ $\forall x,y\in X$

② $\delta(x,y)=0$ $\forall x\in X$

③ $\delta(x,y)=\delta(y,x)$ $\forall x,y\in X$

首先考虑只有两个数据的情况，设有数据 x_1、x_2 满足均值为 x_i、x_j 概率分布，则可使概率距离 $p_i(x\,|x_i)$ 和 $p_j(x\,|x_j)$ 来检验传感器 d_{ij} 和 d_{ji} 的一致性。

$$d_{ij}=2\left|\int_{x_i}^{x_j}p_i(x\,|x_i)\mathrm{d}x\right|=2A \tag{6-14}$$

$$d_{ji}=2\left|\int_{x_i}^{x_j}p_j(x\,|x_j)\mathrm{d}x\right|=2B \tag{6-15}$$

注：$p(x|x_i)$ 中 x_i 仅表示均值，不是条件概率。

其中，A、B 为概率分布曲线 $p_i(x\,|x_i)$、$p_j(x\,|x_j)$ 在 x_i 和 x_j 之间的面积，如图 6-1（a）所示。一般来说，$d_{ij}\neq d_{ji}$，且 $0\leqslant d_{ij}$，$d_{ji}\leqslant 1$，当 d_{ij}、d_{ji} 均小于指定的阈值时，认为两传感器的数据是一致的，可以融合。当 d_{ij} 小于阈值而 d_{ji} 大于阈值时，认为传感数据 x_2 支持 x_1，而 x_1 不支持 x_2 的观测。当两者都大于阈值时，认为它们的观测不互相支持，因而是不一致的。上述方法可以判断传感器数据中任意两个数据的一致性。

对概率距离略作推广，可用两概率分布间的相关程度来衡量传感数据 x_1 和 x_2 的一致性。

$$rd_{ij}=\left|\int_{-\infty}^{\infty}p_i(x\,|x_i)\Delta\,p_j(x\,|x_j)\mathrm{d}x\right|=C \tag{6-16}$$

式中，C 为概率分布曲线 $p_i(x|x_i)$、$p_j(x|x_j)$ 之间相交的面积。如图 6-1（b）所示，显然有 $rd_{ij} = rd_{ji}$，且 $0 \leqslant rd_{ij}$，$rd_{ji} \leqslant 1$。我们给出在高斯分布情况下这两种距离之间的进一步的关系比较图（见图 6-2），图 6-2（a）为 $x_i = x_j$，$\sigma_i = \sigma_j$ 两个数据完全一致的情况，此时 $d_{ij} = d_{ji} = 0$，$rd_{ij} = 1$。图 6-2（b）为 $x_i = x_j$，但 $\sigma_i \neq \sigma_j$；此时 $d_{ij} = d_{ji} = 0$，rd_{ij} 为一较大的值。图 6-2（c）为 x_i、x_j 远离的情况，此时 $d_{ij} = d_{ji} = 1$，$rd_{ij} = 0$。

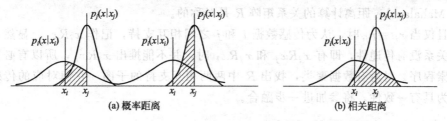

图 6-1　概率距离示意图

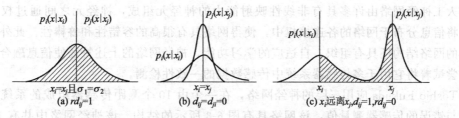

图 6-2　概率距离和相关距离几种情况比较

所以使用相关程度进行一致性分析时，rd_{ij}（即 rd_{ji}）大于给定的阈值，认为两传感数据 x_1、x_2 观测相互支持，其数据是一致的，可以进行融合；否则认为它们是不一致的。

另外，两个传感数据之间的距离还可以用以下的 Mahalanobis 距离衡量。

$$T_{12} = \frac{1}{2}(x_1 - x_2)^{\mathrm{T}} C^{-1}(x_1 - x_2) \tag{6-17}$$

其中，C 为两传感数据相关的协方差矩阵，显然，它是关于 1，2 数据对称的。T_{12} 越小表明两个传感器测量的数据越一致。可以取阈值 T_α，当 $T_{12} \leqslant T_\alpha$ 时，则认为两个传感器的数据是一致的，可以进行融合；否则不是一致性的，不能予以融合。

以上考虑的是两个传感器之间的一致性问题。当有 n 个传感器时，分别计算其中任意两个传感器之间的距离或相关程度，将它们构成距离 D、T 或相关矩阵 Rd。

$$D_{n \times n} = \begin{bmatrix} d_{11} & d_{12} & \cdots & d_{1n} \\ d_{21} & d_{22} & \cdots & d_{2n} \\ \vdots & \vdots & \cdots & \vdots \\ d_{n1} & d_{n2} & \cdots & d_{nn} \end{bmatrix} \quad T_{n \times n} = \begin{bmatrix} t_{11} & t_{12} & \cdots & t_{1n} \\ t_{21} & t_{22} & \cdots & t_{2n} \\ \vdots & \vdots & \cdots & \vdots \\ t_{n1} & t_{n2} & \cdots & t_{nn} \end{bmatrix}$$

$$Rd_{n \times n} = \begin{bmatrix} rd_{11} & rd_{12} & \cdots & rd_{1n} \\ rd_{21} & rd_{22} & \cdots & rd_{2n} \\ \vdots & \vdots & \cdots & \vdots \\ rd_{n1} & rd_{n2} & \cdots & rd_{nn} \end{bmatrix}$$

d_{ij}、T_{ij}、rd_{ij} 是第 i 个与第 j 个传感器之间的距离或相关程度，然后根据阈值将 D、T 或 Rd 转换为关系矩阵 R。

$$R_{n \times n} = \begin{bmatrix} r_{11} & r_{12} & \cdots & r_{1n} \\ r_{21} & r_{22} & \cdots & r_{2n} \\ \vdots & \vdots & \cdots & \vdots \\ r_{n1} & r_{n2} & \cdots & r_{nn} \end{bmatrix} \quad \text{其中 } r_{ij} = \begin{cases} 0, d_{ij} \geqslant T_d (rd_{ij} \leqslant T_d, t_{ij} \geqslant T_\alpha) \\ 1, d_{ij} < T_d (rd_{ij} > T_d, t_{ij} < T_\alpha) \end{cases}$$

显然，根据概率距离得出的距离矩阵 D 和关系矩阵 R 一般是不对称的，而根据相关程度和 Mahalanobis 距离计算的关系矩阵 R 是对称的。

当且仅当 $r_{ij} = r_{ji}$ 时，认为传感数据 i 和 j 之间相互支持，记作 $x_i R x_j$。显然，相互支持的关系没有传递性，即有 $x_i R x_j$ 和 $x_j R x_k$ 时，并不能推出 $x_i R x_k$，所以有必要编制一个搜索程序。对所有数据聚类，找出 R 中两两相互支持的子图，它们对应的传感器数据被认为具有一致性，将参加进一步融合。

6.2.3 人工神经网络方法

人工神经网络由许多具有非线性映射能力的神经元组成，神经元之间通过权系数相连。将信息分布于网络的各连接权中，使得网络具有很高的容错性和鲁棒性。此外，这种并行的网络结构还具有组织、自适应的学习功能，神经网络的上述特征使信息融合领域的学者尝试着将它用于多传感器系统中传感数据的一致性检测。

Toshio Fukuda 应用三层的神经网络，在一个由 10 个测距传感器组成的系统中区分正确与错误的传感器测量值，该网络具有图 6-3 所示的结构。该神经网络中共有 10 个输入节点，对应着相应 10 个传感器的输出，隐含层选择为 30 个节点，输出层为 10 个节点，分别对应着 10 个传感器的两种状态：正确与错误。该网络采用 BP 算法训练，训练样本集以如下方式选取。

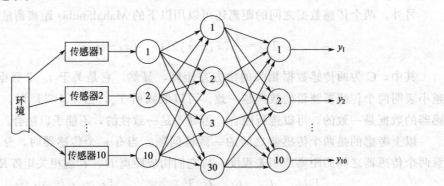

图 6-3 用于数据检验的 NN

① 当某个传感器的测量值与其他传感器的测量值不同或传感器工作不正常时，则相应的输出置 y_i 为 0 或根据实际情况赋予小于 0.5 值。

② 当传感器正常工作时，或其测量值与其他传感器的测量值一样时，则相应的输出 y_i 置为 1 或大于 0.5 值。

在操作阶段，将 10 个传感器的实际测量值送入输入节点，得到相应的网络输出。可用如下方式判别此次测量时的传感器状态（正确/错误）。

若 $y_i > 0.5$，则认为第 i 号传感器处于"正确"状态。否则，认为第 i 号传感器处于"错误"状态。

由上面叙述可以看出，该方法的局限在于：由于样本集的选取方式，使得网络仅能实现对同一特征的测量值区分。当环境特征改变时，必须重新训练网路，因此很难将其用于在非结构化或未知环境中运行的移动机器人上的多传感器系统。要解决这一个问题，可以考虑采用下面的方法：

① 计算个 N 传感器相似度矩阵 R，其元素 r_{ij} 表示第 i 与 j 号传感器的相似程度，r_{ij} 的形式可以考虑采用欧氏距离、海明距离、相关系数等常规的相似性度量。这样 R 为对称矩阵，有 $r_{ij}=r_{ji}$，$\forall i, j \in [1, N]$；$r_{ii}=0$，$\forall i \in [1, N]$ 且将 R 中元素进行正则化处理，使 $0<r_{ij}\leqslant 1$，$\forall i, j \in [1, N]$。

② 确定网络结构，以 R 的上三角阵中的每个元素（不包括对角元素）作为神经网络的输入，则对此 N 个传感器组成的系统，将需要 $N(N-1)/2$ 个输入节点。输出节点数仍为 N 个，分别对应着 N 个传感器的状态（正确/错误）。隐含层节点可以根据实际需求选择。

③ 训练样本集仍按原来的方式进行选取，并以此样本通过 BP 算法修正权值。

④ 操作阶段，将正则化的上三角阵中的数据送入输入节点，得到网络输出 y，仍按原来的判别准则，判定此次测量时各个传感器的状态（正确/错误）。

由于这种改进算法采用正则化的相似度矩阵 R 代替直接的测量值作为网络的输入，使得此网络较之原来 Fukuda 提出的 NN 具有较大灵活性。但是也可以看出，由于该网络将输入节点数扩大了 $N-1$ 倍，计算量成倍地增加。假设隐含层节点取为输入节点数的 2 倍，为 $N(N-1)$ 个，则此网络中权值数将达到 $\frac{1}{2}(N-1)^2 N^2$，而在原来的网络中输入层、输出层均为 N 个隐含层。隐含层为 $3N$ 个节点时，网络中的权值数为 $6N^2$。因此可见，在 $N>4$ 时此修正网络的权值数将大于原来的 NN。以 Fukuda 的实验为例，当 $N=10$ 时，Fukuda 的网络只需 600 个权值，而改进网络需 4950 个权值，这极大地增加了计算时间。

6.3　基于参数估计的信息融合方法

由于将传感器建模为概率模型，因此可以用数理统计的方法对融合进行估计。从传感器三种数学模型中，可以归纳出定量信息融合问题的数学表达。

假设在给定时刻，待测系统的状态是向量 X，传感器测量值是向量 Y，则该传感器的测量模型为

$$Y=f(X)+V \tag{6-18}$$

其中，V 是符合高斯分布的噪声项。所谓的数据融合就是：由 N 个传感器得到测量值 Y_1、Y_2、…、Y_N，并按照某种估计准则从这些测量值中得到特征参数 X 的最优估计。

在解决这个问题之前，先回顾一下仅由一个传感器的测量值 Y 来估计状态 X 的问题。

记状态 X 的估计值为 $\hat{X}(Y)$，并定义 $L[\hat{X}(Y), X]$ 为损失函数，相应的风险表达式为

$$R=EL[\hat{X}(Y), X]=\int dY p(x)\int dX p(x|y)L[\hat{X}(Y), X] \tag{6-19}$$

其中 $p(x)$、$p(x|y)$ 表示概率分布。取风险最小的作为估计准则，使

$$\frac{\partial R}{\partial X}\Big|_{X=\hat{X}(Y)}=0 \tag{6-20}$$

即可取得状态的估计值 $\hat{X}(Y)$。由式（6-19）可见，对应不同的 $L[\hat{X}(Y),X]$ 将得到不同的估计结果。常用的 $L[\hat{X}(Y),X]$ 有下列三种形式

$$L[\hat{X}(Y),X]=(X-\hat{X})^{\mathrm{T}}W(X-\hat{X}) \tag{6-21}$$

$$L[\hat{X}(Y),X]=[(X-\hat{X})^{\mathrm{T}}W(X-\hat{X})]^{1/2} \tag{6-22}$$

$$L[\hat{X}(Y),X]=\begin{cases} 1 & |\hat{X}-X|\geqslant\frac{\varepsilon}{2} \\ 0 & |\hat{X}-X|<\frac{\varepsilon}{2} \end{cases} \tag{6-23}$$

其中 W 为正定权矩阵，ε 为任意小的正数。

相应的状态最优估计（最大后验估计）为

$$\hat{X}_{\mathrm{opt}}(Y)=\arg\max p(X|Y) \tag{6-24}$$

在具有 N 个传感器的系统中，相应的信息融合可以看作是在观测值 Y_1、Y_2、…、Y_N 下，状态 X 具有最大后验的估计，写作

$$\hat{X}(Y)=\arg\max p(X|Y_1,Y_2,\cdots,Y_N) \tag{6-25}$$

则后验概率 $p(X|Y_1,Y_2,\cdots,Y_N)$ 是相应的决策函数。

由 Bayes（贝叶斯）定理知

$$p(X|Y_1,Y_2,\cdots,Y_N)=\frac{p(X)p(Y_1,Y_2,\cdots,Y_N|X)}{P(Y_1,Y_2,\cdots,Y_N)} \tag{6-26}$$

假定 N 个传感器的测量值在统计上是独立的，则有

$$p(Y_1,Y_2,\cdots,Y_N|X)=\prod_{i=1}^{N}\frac{p(X|Y_i)p(Y_i)}{p(X)} \tag{6-27}$$

将式（6-27）代入式（6-26）得

$$p(X|Y_1,Y_2,\cdots,Y_N)=\frac{\prod_{i=1}^{N}p(X|Y_i)}{p(X)^{N-1}}\times\frac{\prod_{i=1}^{N}p(Y_i)}{P(Y_1,Y_2,\cdots,Y_N)} \tag{6-28}$$

由于 $\dfrac{\prod_{i=1}^{N}p(Y_i)}{P(Y_1,Y_2,\cdots,Y_N)}$ 与参数 X 无关，可视为正则化因子，在式（6-28）的最大后验估计时不予考虑。为了求解式（6-28），先求得 $p(X|Y_i)(i=1,2,\cdots,N)$。为简化计算，取式（6-18）中的 $f(X)$ 为 X 的线性函数，则式（6-18）化为

$$Y_i=A_iX_i+V_i \tag{6-29}$$

由式（6-29）知，在高斯噪声下条件分布 $(Y_i|X)\sim N(A_iX,V_i)$，先验 X 的分布为 $X\sim N(\bar{X},V_X)$，则 Y_i 的分布也是正态的，即 $Y_i\sim N(A_iX,A_iV_XA_i^{\mathrm{T}}+V_L)$，并设 $p(X|Y_i)\sim N(\xi_i,V_{X/Y_i})$，则

$$p(X|Y_i)\frac{p(Y_i|X)p(x)}{p(Y)}=a\exp\left[-\frac{1}{2}(Y_i-A_iX)^{\mathrm{T}}V_i^{-1}(Y_i-A_iX)\right.$$

$$\left. -\frac{1}{2}(X-\overline{X})^{\mathrm{T}}V_X^{-1}(X-\overline{X})\right]$$

$$+\frac{1}{2}(Y_i-A_iX)^{\mathrm{T}}(A_iV_XA_i^X+V_i)^{-1}(Y_i-A_iX) \tag{6-30}$$

$$p(X\,|\,Y_i)=\beta\exp\left[-\frac{1}{2}(X-\xi_i)^{\mathrm{T}}V_{X/Y_i}^{-1}(X-\xi_i)\right] \tag{6-31}$$

将式（6-30）与式（6-31）合并得

$$V_{X/Y_i}^{-1}=A_i^{\mathrm{T}}V_i^{-1}A_i+V_X^{-1} \tag{6-32}$$

$$\xi_i=V_{X/Y_i}^{-1}(A_i^{\mathrm{T}}V_iY_i+V_X^{-1}\overline{X}) \tag{6-33}$$

将分布函数 $(X\,|\,Y_i)\sim N(\xi_i,\,V_{X/Y_i})$ 代入式（6-28）即可得到也为正态分布的 $(X\,|\,Y_1,\,Y_2,\,\cdots,\,Y_N)\sim N(\xi,\,V_{X/Y})$。

其中

$$V_{X/Y}^{-1}=\sum_{i=1}^{N}V_{X/Y_i}^{-1}-(N-1)V_X^{-1} \tag{6-34}$$

$$\xi=V_{X/Y}\left[\sum_{i=1}^{N}V_{X/Y_i}^{-1}\xi_i-(N-1)V_X^{-1}\overline{X}\right] \tag{6-35}$$

则在式（6-14）定义的损失函数下使风险最小的最优融合值为 $x_f=\xi$，其协方差为 $V_f=V_{X/Y}^{-1}$，将式（6-32）、式（6-33）代入式（6-34）和式（6-35）后得到融合计算公式

$$V_f^{-1}=\sum_{i=1}^{N}A_i^{\mathrm{T}}V_i^{-1}A_i+V_X^{-1} \tag{6-36}$$

$$X_f=V_f\left(\sum_{i=1}^{N}A_i^{\mathrm{T}}V_i^{-1}Y_i+V_X^{-1}\overline{X}\right) \tag{6-37}$$

在某些情况下，我们无法决定特征参数 X 的先验分布，采用"模糊先验"的概念，即对所有可能参数 X 均采用 $p(x)=1$，则式（6-28）化为

$$p(X\,|\,Y_1,Y_2,\cdots,Y_N)\propto\prod_{i=1}^{N}p(X\,|\,Y_i) \tag{6-38}$$

此时最大后验估计即转化为极大似然估计，相应的融合计算公式为

$$V_f^{-1}=\sum_{i=1}^{N}A_i^{\mathrm{T}}V_i^{-1}A_i \tag{6-39}$$

$$X_f=V_f\sum_{i=1}^{N}A_i^{\mathrm{T}}V_i^{-1}Y_i \tag{6-40}$$

当传感器的测量值为一维时，且不考虑坐标变换，则式（6-39）、式（6-40）简化为

$$\sigma_f^{-2}=\sum_{i=1}^{N}\sigma_i^{-2} \tag{6-41}$$

$$y_f=\sum_{i=1}^{N}\frac{\sigma_f^{-2}}{\sigma_i^{-2}}Y_i \tag{6-42}$$

我们再考虑最小二乘估计。设 Y_1、Y_2、$\cdots$、Y_N 是 N 个传感器的测量值，按照最小二乘估计的估计准则，$\hat{Y}$ 是使误差函数

$$\varepsilon(Y) = \sum_{i=1}^{N} [Y - Y_i]^T V_i^{-1} [Y - Y_i] \tag{6-43}$$

达到最小的 Y 值，令式（6-42）对 Y 的偏导为零，得

$$\sum_{i=1}^{N} V_i^{-1} [\hat{Y} - Y_i] = 0 \tag{6-44}$$

即

$$\hat{Y} = \sum_{i=1}^{N} \left(\sum_{i=1}^{N} V_i^{-1} \right)^{-1} V_i^{-1} Y_i \tag{6-45}$$

$$V_f = \left(\sum_{i=1}^{N} V_i^{-1} \right)^{-1} \tag{6-46}$$

由融合公式可以看出，融合值的性能在很大程度上依赖于测量值的正确性，而在实际应用中不能保证每个传感器的每个测量值都是正确的。某个传感器在某次测量时由于各种原因可能产生虚假甚至错误的测量值，这被称作观测失败。若将观测失败的传感器数据送入融合中心，将会影响融合的精度。因此在对多个传感器的数据融合以前必须先对来自所有传感器的测量值进行测试，找出测量值能够彼此支持的一致传感器组。真正的数据融合将在一致传感器组中进行。

第7章

多传感器的定性信息融合

多传感器信息定性融合是通过融合完成系统对环境的识别、判断、分类或进行系统决策。定性信息融合的方法较多，本章将探讨几种常用的多传感器信息定性融合的方法，包括 Bayes 统计决策法、D-S 证据理论、基于模糊理论的多传感器信息融合和基于神经网络的多传感器信息融合方法等。

7.1 Bayes 方法

Bayes 方法用在多传感器信息融合时，是将多传感器提供的各种不确定性信息表示为概率，并利用概率论中 Bayes 条件概率对它们进行处理的。

7.1.1 Bayes 条件概率

设 A_1、A_2、$\cdots$、A_m 为样本空间 S 的一个划分，即满足：

① $A_i \cap A_j = \Phi \qquad (i \neq j)$

② $A_1 \cup A_2 \cup \cdots \cup A_m = S$

③ $P(A_i) > 0 \qquad (i=1, 2, \cdots, m)$

则对任意事件 B，$P(B) > 0$ 有：

$$P(A_i \mid B) = \frac{P(A_i B)}{P(B)} = \frac{P(B \mid A_i)P(A_i)}{\sum_{j=1}^{m} P(B \mid A_j)P(A_j)} \qquad (7-1)$$

7.1.2 Bayes 方法在信息融合中的应用

Bayes 方法用于多传感器信息融合时，要求系统可能的决策相互独立，这样，我们就可以将这些决策看作一个样本空间的划分，使用 Bayes 条件概率公式解决系统的决策问题。

设系统可能的决策为 A_1、A_2、$\cdots$、A_m，当某一传感器对系统进行观测时，得到观测结果 B，如果能够利用系统的先验知识及该传感器的特性得到各先验概率 $P(A_i)$ 和条件概率 $P(B \mid A_i)$，则利用 Bayes 条件概率公式（7-1），根据传感器的观测将先验概率 $P(A_i)$ 更新为后验概率 $P(A_i \mid B)$。

当系统有两个传感器对其进行观测时，即除了上面介绍的传感器观测 B 外，另有一个传感器也对系统进行了观测，并得出结果为 C。它关于各决策 A_i 的条件概率为 $P(C \mid A_i)$ $(i=1,2,\cdots,m)$，则条件概率公式可表示为：

$$P(A_i \mid B \wedge C) = \frac{P(B \wedge C \mid A_i)P(A_i)}{\sum\limits_{j=1}^{m} P(B \wedge C \mid A_j)P(A_j)} \tag{7-2}$$

上式要求计算出 B 和 C 同时发生的先验条件概率 $P(B \wedge C \mid A_i)$ $(i=1,\cdots,m)$，这往往是很困难的。为了简化计算，提出进一步的独立性假设：假设 A、B 和 C 之间是相互独立的，即，$P(B \wedge C \mid A_i) = P(B \mid A_i) P(C \mid A_i)$，这样式（7-2）可改写为：

$$P(A_i \mid B \wedge C) = \frac{P(B \mid A_i)P(C \mid A_i)P(A_i)}{\sum\limits_{j=1}^{m} P(B \mid A_j)P(C \mid A_j)P(A_j)} \tag{7-3}$$

这一结果还可推广到多个传感器的情况。当有 n 个传感器，观测结果分别为 B_1、B_2、$\cdots B_n$ 时，假设它们之间相互独立且与被观测对象条件独立，则可以得到系统有 n 个传感器时的各决策总的后验概率为：

$$P(A_i \mid B_1 \wedge B_2 \wedge \cdots \wedge B_n) = \frac{\prod\limits_{k=1}^{n} P(B_k \mid A_i)P(A_i)}{\sum\limits_{j=1}^{m}\prod\limits_{k=1}^{n} P(B_k \mid A_j)P(A_j)} \quad (i=1,\cdots,n) \tag{7-4}$$

最后，系统的决策可由某些规则给出，例如取具有最大后验概率的那条决策作为系统的最终决策。

Bayes 方法多传感器的信息融合过程可用图 7-1 的框图来表示。

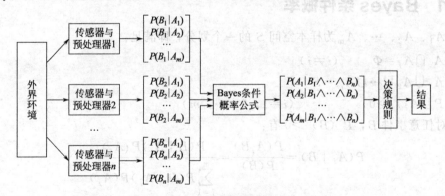

图 7-1 Bayes 法多传感器信息融合过程

7.1.3 基于目标分类的 Bayes 决策方法

上面论述的是系统有 m 种可能的决策前提下，用 Bayes 方法判定哪种决策更具可能性，但实际中的问题往往更加简单，如根据几条证据来判定假说 H 是正确还是错误，或

者假说 H_1 正确还是假设 H_0 正确的问题，这一问题实际上就是分类问题。当实际上 H_0 正确而证据 $E=\{e_1 \cdots e_n\}$ 却判定 H_1 正确时，可以定义 H_1 的条件平均损失为：

$$r_1(E) = \sum_i C_{i1} p(H_i \mid E) \tag{7-5}$$

同理，当实际上 H_1 正确而证据 E 却判定 H_0 正确的平均损失为：

$$r_0(E) = \sum_i C_{i0} p(H_i \mid E) \tag{7-6}$$

式中 C_{i1}、C_{i0} 是权系数，为证据判别错误时的相应损失。若使判别准则是使平均损失最小的假说是正确的，则当 $r_0 < r_1$ 时，H_0 正确，$r_0 > r_1$ 时，H_1 正确。取判别正确时的损失 $C_{00} = C_{11} = 0$，则判别规则为：

$$\frac{p(H_1 \mid E)}{p(H_0 \mid E)} \underset{H_0}{\overset{H_1}{\gtrless}} \frac{C_{01} - C_{00}}{C_{10} - C_{11}} \tag{7-7}$$

由 Bayes 公式：$p(H \mid E) = \dfrac{p(H)}{p(E)} \times p(E \mid H)$，上式又可进一步表示为：

$$\frac{p(H_1 \mid E)}{p(H_0 \mid E)} \underset{H_0}{\overset{H_1}{\gtrless}} t \qquad t : \text{阈值} \tag{7-8}$$

设每个传感器提供的证据是独立的，令

$$L(E) = \frac{p(E \mid H_1)}{p(E \mid H_0)} = \prod_{i=1}^{n} \frac{p(e_i \mid H_1)}{p(e_i \mid H_0)} = \prod_{i=1}^{n} L(e_i) \tag{7-9}$$

记错误决策概率 P_{Fi} 和正确决策概率 P_{Di}，分别为：

$$P_{Fi} = p(e \in s_1 \mid H_0); \qquad P_{Di} = p(e \in s_1 \mid H_1)$$
$$1 - P_{Fi} = p(e \in s_0 \mid H_0); \qquad 1 - P_{Di} = p(e \in s_0 \mid H_1)$$

则：

$$L(e_i) = \begin{cases} \dfrac{P_{Di}}{P_{Fi}}, & e_i \in s_1 \\[2mm] \dfrac{1 - P_{Di}}{1 - P_{Fi}}, & e_i \in s_0 \end{cases} \tag{7-10}$$

即：

$$P[L(e_i) \mid H_0] = \begin{cases} P_{Fi}, & L(e_i) = \dfrac{P_{Di}}{P_{Fi}} \\[2mm] 1 - P_{Fi}, & L(e_i) = \dfrac{1 - P_{Di}}{1 - P_{Fi}} \end{cases} \tag{7-11}$$

$$P[L(e_i) \mid H_1] = \begin{cases} P_{Di}, & L(e_i) = \dfrac{P_{Di}}{P_{Fi}} \\[2mm] 1 - P_{Di}, & L(e_i) = \dfrac{1 - P_{Di}}{1 - P_{Fi}} \end{cases} \tag{7-12}$$

则相应融合后的错误决策概率为：

$$P_F^f = \sum P[L(E) > t^* \mid H_0] = \sum_{i=[t^*]}^{N} \binom{N}{i} P_{Fi}^i (1 - P_{Fi})^{N-i} \tag{7-13}$$

类似地，融合后的正确决策概率为：

$$P_D^f = \sum P[L(E) > t^*|H_1] = \sum_{i=[t^*]}^{N} \binom{N}{i} P_{Di}^i (1-P_{Di})^{N-i} \qquad (7\text{-}14)$$

由于以 $L(E)$ 为一系列离散值，将其按由小到大的顺序排列为 $L_1(E)$、$L_2(E)$、…，取 $[t^*]$ 为超过阈值 t^* 的那个最小 $L(E)$ 的下标。因此 $[t^*]$ 是一个正整数，只有当 $P_F^f \leqslant \min\limits_i\{P_{Fi}\}$，且 $P_D^f > \max\limits_i\{P_{Di}\}$ 时，才认为融合后的性能所改善。Hhomopoulos 等人证明了一个定理，当传感器数目大于 2 时，一定可以找到一对 $\{P_F^i, P_D^f\}$，使之满足上面的不等式。

7.2 Dempster-Shafer 证据推理

Bayes 多信息融合方法是在概率的前提下得到的，概率的可加性是概率理论普遍遵循的一个原则。举例来说，如果我们相信一个命题为真的程度为 s，那么我们就必须以 $1-s$ 的程度去相信该命题的反。在许多情况下，这是不合理的。比如对"地球以外存在着生命"和"地球之外不存在生命"这一命题来说，在目前的科学水平或我们目前所拥有的知识结构（证据）下，我们既不相信前者，又不敢相信后者，即它们的信度都很小，因此二者之和根本不可能等于 1，因此对于信度，证据理论舍弃了这一可加性原则，而用一种称为半可加性的原则来代替，而且只有满足这个原则的函数才能用 Dempster 合成法则进行合成。

证据理论由 Dempster 在 1967 年最先提出的，Shafer 进一步发展完善，使 Dempster 合成法则推广到更加一般的情况，为了纪念他们的重要贡献，有人称证据理论为 D-S 理论。

7.2.1 D-S 理论的基础概念

D-S 理论用"识别框架 Θ"表示所感兴趣的命题集，它定义了一个集函数 $m: 2^\Theta \to [0,1]$，满足：

① $m(\Phi) = 0$

② $\sum\limits_{A \subset \Theta} m(A) = 1$

称 m 为识别框架 Θ 上的基本可信度分配；$\forall A \subset \Theta$，$m(A)$ 称为 A 的基本可信数（basic probability number），基本可信数反映了对 A 本身的信度大小。

条件①反映了对于空集不产生任何信度；条件②反映了虽然我们可以给一个命题赋任意大小的信度值，但要求给所有命题赋的信度值的和等于 1。

而对于任何的命题集，D-S 理论还提出了信度函数的概念：

$$Bel(A) = \sum_{B \subset A} m(B) \qquad (\forall A \subset \Theta) \qquad (7\text{-}15)$$

即 A 的信度函数为 A 中每个子集的信度值之和。由信度函数的概念，可以得到：

$$\begin{cases} Bel(\Phi) = 0 \\ Bel(\Theta) = 1 \end{cases}$$

关于一个命题 A 的信任单用信度函数来描述还是不够的，因为 $Bel(A)$ 不能反映出

我们怀疑 A 的程度，即我们相信 A 的非为真的程度。所以为了全面描述我们对 A 的信任还必须引入我们怀疑 A 的程度的量。

$$\forall A \in H, 定义: Dou(A) = Bel(\overline{A})$$
$$pl(A) = 1 - Bel(\overline{A}) \tag{7-16}$$

则称 Dou 为 Bel 的怀疑函数，pl 为 Bel 的似真度函数；$Dou(A)$ 称为 A 的怀疑度，$pl(A)$ 称为 A 的似真度。

根据式（7-16），我们可以用与 Bel 对应的 m 来重新表示 pl。

$$\forall A \in H \quad pl(A) = 1 - Bel(\overline{A}) = \sum_{B \subset \Theta} m(B) - \sum_{B \subset \overline{A}} m(B) = \sum_{B \cap A \neq \Phi} m(B) \tag{7-17}$$

若 $A \cap B \neq \Phi$，则称 A 与 B 相容，式（7-17）说明，$pl(A)$ 包含了所有与 A 相容的那些（命题）集合的基本可信数。

由于 $\overline{A} \cap A = \Phi$，$A \cup \overline{A} \subset H$，因此有：

$$Bel(A) + Bel(\overline{A}) \leqslant \sum_{x \subset \Theta} m(x) = 1$$

即：
$$Bel(A) \leqslant 1 - Bel(\overline{A}) = pl(A) \tag{7-18}$$

总之，Bel 和 pl 有如下关系：

① $pl(A) > Bel(A)$

② $pl(\Phi) = Bel(\Phi)$

③ $pl(\Theta) = Bel(\Theta) = 1$

④ $pl(A) = 1 - Bel(A)$

⑤ $Bel(A) + Bel(\overline{A}) \leqslant 1$

⑥ $pl(A) + pl(\overline{A}) \geqslant 1$

实际上，$[Bel(A)，pl(A)]$ 表示了对 A 的不确定区间，也称为概率的上下限；$[0，Bel(A)]$ 是完全可信的区间，表示对命题 "A 为真" 的支持程度，$[0，pl(A)]$ 是对命题 "A 为真" 的不怀疑程度，表示证据不能否定 "A 为真" 的程度。显然 $pl(A) \sim Bel(A)$ 区间越大，未知程度就越高，如图 7-2 所示。

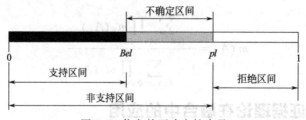

图 7-2　信息的不确定性表示

7.2.2　Dempster 合成法则

如果将命题看作识别框架 Θ 上的元素，对于 $\forall m(A) > 0$，称 A 为信度函数 Bel 的焦元。设 Bel_1，Bel_2 是同一识别框架 Θ 上的两个信度函数，m_1，m_2 分别是其对应的基本可信度分配，焦元为 A_1，$\cdots$，A_k 和 B_1，$\cdots$，B_L，可用图 7-3（a）、（b）来表示。

图中 $[0，1]$ 中的某一段表示由各自的基本可信度分配决定的某一焦元上的信度。

将图 7-3（a）、（b）综合起来考虑可得到一系列的矩形，将整个大矩形看作总的信度，如图 7-4 所示。

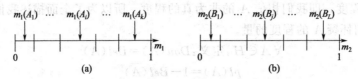

图 7-3　基本可信度分配图示

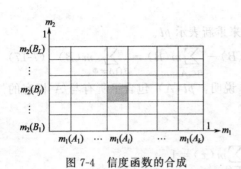

图 7-4　信度函数的合成

图中一根一根的竖条表示 m_1，分配到它的焦元 $A_1, \cdots, A_k$ 上的信度，一根一根横条表示 m_2 分别到 $B_1, \cdots, B_L$ 上的信度，横竖条的交具有测度 $m_1(A_i)m_2(B_j)$，因为它是同时分配到 A_i 和 B_j 上的，所以 Bel_1 和 Bel_2 的联合作用就是将 $m_1(A_i)m_2(B_j)$ 确切地分配到 $A_i \bigcap B_j$ 上的。

给定 $A \subset \Theta$，若有 $A_i \bigcap B_j = A$，那么 $m_1(A_i)m_2(B_j)$ 就是确切地分别 A 上的部分信度，而分到 A 上的总信度为 $\sum\limits_{A_i \bigcap B_j = A} m_1(A_i)m_2(B_j)$，但是当 $A = \Phi$ 时，按这种理解，将部分信度 $\sum\limits_{A_i \bigcap B_j = \Phi} m_1(A_i)m_2(B_j)$ 分到空集上，这显然不合理。为此，可在每一信度上乘一系数 $\left[1 - \sum\limits_{A_i \bigcap B_j = \Phi} m_1(A_i)m_2(B_j) \right]^{-1}$ 使总信度满足 1 的要求。至此，实际上已给出了两个信度的合成法则：

$$m(A) = m \oplus m_2(A) = \frac{\sum\limits_{A_i \bigcap B_j = A} m_1(A_i)m_2(B_j)}{1 - \sum\limits_{A_i \bigcap B_j = \Phi} m_1(A_i)m_2(B_j)} \qquad (7-19)$$

对于多个信度的合成（融合），令 $m_1, \cdots, m_n$ 分别表示 n 个信息的信度分配，如果它们是由独立的信息推得的，则融合后的信度函数 $m = m_1 \oplus m_2 \oplus \cdots \oplus m_n$ 可表示为：

$$m(A) = \frac{\sum\limits_{\bigcap A_i = A} \prod\limits_{i=1}^{n} m_i(A_i)}{1 - \sum\limits_{\bigcap A_i = \Phi} \prod\limits_{i=1}^{n} m_i(A_i)} \qquad (7-20)$$

7.2.3　D-S 证据理论在融合中的应用

将各传感器采集的信息作为证据，每个传感器提供一组命题，对应决策：$x_1 \cdots x_i \cdots x_m$，并建立一个相应的信度函数，这样，多传感器信息融合实质上就成为在同一识别框架下，将不同的证据体合并成一个新的证据体的过程。

如果信息融合系统的决策目标集由一些互不相容的目标构成，即前述的 Θ，当传感器对环境实施观测时，每个传感器的信息均能在目标集上得到一组信度，当系统有 n 个传感器时，便有 n 组信度，这些信度是决策的依据。

运用证据决策理论，多传感器信息融合的一般过程是：

① 分别计算各传感器的基本可信数、信度函数和似真度函数；

② 利用 Dempster 合并规则，求得所有传感器联合作用下的基本可信数、信度函数和似真度函数；

③ 在一定决策规则下，选择具有最大支持度的目标。

上述过程可由图 7-5 表示。先由 n 个传感器分别给出 m 个决策目标集的信度，经 Dempster 合并规则合成一致的对 m 个决策目标集的信度，最后，对各可能决策利用某一决策选择原则，得到结果。

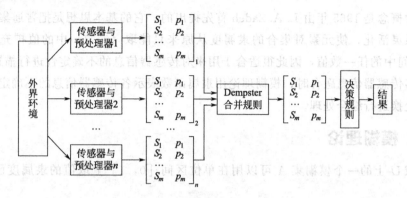

图 7-5　证据理论决策过程

D-S 证据理论凭借其特点和相对于其他处理"不确定性""未知"等不确定推理模型理论的优势，被成功地应用于诸如信息融合、数据挖掘、模式识别、医疗诊断、决策分析等领域来解决不确定信息的处理问题，特别是在数据融合中的应用较为广泛。

利用 D-S 证据合成规则进行多源信息融合的优势在于：

① 满足比 Bayes 概率理论更弱的条件，即不必满足概率可加性。D-S 证据理论认为，对于概率推断的理解，不仅要强调证据的客观性，而且要强调证据估计的主观性，在证据的基础上构造出对一命题为真的信任程度。证据理论中需要的先验数据比概率推理理论中的更为直观、更容易获得，再加上 Dempster 合成公式可以综合不同专家或数据源的知识或数据，这使得证据理论在专家系统、信息融合等领域中得到了广泛应用。

② 证据理论有较强的理论基础，既能处理随机性所导致的不确定性，也能处理模糊性导致的不确定性。同时，证据理论不仅能在规则中反映未知信息，而且具有直接表达"不确定"和"不知道"的能力，这些信息表示在 mass 函数中，并在证据合成过程中保留了这些信息。

③ 证据理论可以通过合成法则来合成多个证据，从而逐步缩小假设集。其次，证据理论不但允许人们将信度赋予假设空间的单个元素，还能赋予它的子集，这很像人类在各级抽象层次上的证据收集过程。

尽管 D-S 证据理论具有比较强的理论基础，它既能处理命题的不确定性问题，也能将"不知道"和"不确定"区分开来，但它也存在明显的不足。

① 至今还没有研制出一个成功地应用 D-S 证据理论的知识系统，人们对 D-S 理论的不同解释可能得出不同的结果。

② 由 D-S 理论所计算出的结果在数值有时缺乏稳定性，而且当支持的证据不一致时，此时 D-S 规则就无法使用。

③ 在推理链较长时，D-S 理论的使用就会很不方便，这是因为在应用 D-S 理论时，

必须首先把相应于每个推理步骤和证据的信任函数变换成一个一般的识别框架，然后才能应用 D-S 组合规则，当推理步骤增加时，由于最后结果的信任函数的焦点元素结构的复杂性也相应增加，因此 D-S 规则的递归应用就会十分困难。

7.3 模糊理论

模糊的概念是 1965 年由 L. A. Zadeh 首先提出的，它的基本思想是把普通集合中的绝对隶属关系灵活化，使元素对集合的隶属度从原来只能取 $\{0, 1\}$ 中的值扩充到可以取 $[0, 1]$ 区间中的任一数值，因此很适合于用来对传感器信息的不确定性进行描述和处理。在应用于多传感器信息融合时，模糊理论用隶属函数表示各传感器信息的不确定性，然后利用模糊变换进行综合处理。

7.3.1 模糊理论

在论域 U 上的一个模糊集 A 可以用在单位区间 $[0, 1]$ 上取值的隶属度函数 μ_A 表示，即

$$\mu_A : U \mapsto [0, 1]$$

对于任意 $u \in U$，$\mu_A(u)$ 称为 u 对于 A 的隶属度。

显然，当 μ_A 的值取 0 或 1 时，μ_A 便退化为一个普通集合的特征函数，A 便退化为一个普通集合。

隶属函数 μ_A 可根据具体情况选取，如正态函数、三角函数、梯形函数、S 形函数等。

模糊集合最基本的运算是并、交、补三种。设 A、B 为论域上的模糊集合：

$$A = \{a_1, a_2, \cdots, a_m\} \qquad B = \{b_1, b_2, \cdots, b_n\}$$

记 A 和 B 的并集为 $A \cup B$、交集为 $A \cap B$，A 的补集为 A^c，它们分别定义如下：

$$\mu_{A \cup B}(x) = \max[\mu_A(x), \mu_B(x)] \qquad \forall x \in U$$
$$\mu_{A \cap B}(x) = \min[\mu_A(x), \mu_B(x)] \qquad \forall x \in U \qquad (7\text{-}21)$$
$$\mu_{A^c}(x) = 1 - \mu_A(x) \qquad \forall x \in U$$

最大、最小值也可用 $\vee$、$\wedge$ 表示，即

$$\mu_{A \cup B}(x) = \vee[\mu_A(x), \mu_B(x)] = \mu_A(x) \vee \mu_B(x)$$
$$\mu_{A \cap B}(x) = \wedge[\mu_A(x), \mu_B(x)] = \mu_A(x) \wedge \mu_B(x) \qquad (7\text{-}22)$$

A 与 B 上的模糊关系定义为笛卡儿积 $A \times B$ 的一个模糊子集，若用隶属函数来表示模糊子集，模糊关系可用矩阵

$$R_{A \times B} = \begin{bmatrix} \mu_{11} & \mu_{12} & \cdots & \mu_{1n} \\ \mu_{21} & \mu_{22} & \cdots & \mu_{2n} \\ \vdots & \vdots & \ddots & \vdots \\ \mu_{m1} & \mu_{m2} & \cdots & \mu_{mn} \end{bmatrix}$$

表示，其中 μ_{ij} 表示了二元组 (a_i, b_j) 隶属于该模糊关系的隶属度，满足 $0 \leqslant \mu_{ij} \leqslant 1$。

设 $X = \{x_1/a_1, x_2/a_2, \cdots, x_m/a_m\}$ 是论域 A 上的一个隶属函数，简单地用向量

$X=\{x_1, x_2, \cdots, x_m\}$ 来表示，则称向量 $Y=\{y_1, y_2, \cdots, y_n\}$

$$Y=X \cdot R_{A \times B} \tag{7-23}$$

是 X 经模糊变换所得的结果，它表示了论域 B 上的一个隶属函数。

$$Y=\{y_1/b_1, y_2/b_2, \cdots, y_n/b_n\} \tag{7-24}$$

其中，
$$y_i = \overset{m}{\underset{k=1}{\theta}} \mu_{ki} \cdot x_k \quad (i=1,2,\cdots,n)$$

θ 与 $\cdot$ 表示了两种运算，例如，可取为下面两种形式：

① 令 $\theta=\sum$，即加法运算；$\cdot=\times$，即乘法运算，则该变换公式为：

$$y_i = \sum_{k=1}^{m} \mu_{ki} \times x_k \quad (i=1,2,\cdots,n) \tag{7-25}$$

在具体融合时的物理意义是，各传感器对决策的隶属度与该传感器观察值对决策 i 的支持程度之积的和作为第 i 项决策总的可信度。

② 令 $\theta=\max$，即求极大；$\cdot=\min$，即求极小，则该变换公式为

$$y_i = \max\{\min\{\mu_{ki}, x_k\}\} \quad (i=1,2,\cdots,n) \tag{7-26}$$

其物理意义是，在传感器的隶属度和观察值对 i 决策的支持程度之间取小者，再在 m 个传感器对应的小者之中取最大值作为 i 决策的总的可信度。

7.3.2 模糊理论在融合中的应用

在应用于多传感器信息融合时，我们将 A 看作系统可能决策的集合，B 看作传感器的集合，A 和 B 的关系矩阵 $R_{A \times B}$ 中的元素 μ_{ij} 表示由传感器 i 推断决策为 j 的可能性，X 表示各传感器判断的可信度，经过模糊变换得到的 Y 就是各决策的可能性。

具体地，我们假设有 m 个传感器对系统进行观测，而系统可能的决策有 n 个，则

$$A=\{y_1/决策1, y_2/决策2, \cdots, y_n/决策n\}$$
$$B=\{x_1/传感器1, x_2/传感器2, \cdots, x_m/传感器m\}$$

传感器对各可能决策的判断用定义在 A 上的隶属函数表示，设传感器对系统的判断结果是：

$$[\mu_{i1}/决策1, \mu_{i2}/决策2, \cdots, \mu_{in}/决策n] \quad 0 \leqslant \mu_{ij} \leqslant 1$$

即认为结果为决策 j 的可能性为 μ_{ij}，记作向量 $(\mu_{i1}, \mu_{i2}, \cdots, \mu_{in})$，则 m 个传感器构成 $A \times B$ 的关系矩阵为：

$$R_{A \times B} = \begin{bmatrix} \mu_{11} & \mu_{12} & \cdots & \mu_{1i} & \mu_{1n} \\ \mu_{21} & \mu_{22} & \cdots & \mu_{2i} & \mu_{2n} \\ \vdots & \vdots & \cdots & \vdots & \vdots \\ \mu_{m1} & \mu_{m2} & \cdots & \mu_{mi} & \mu_{mn} \end{bmatrix}$$

将各传感器的可信度用 B 上的隶属数 $X=\{x_1/传感器1, x_2/传感器2, \cdots, x_m/传感器m\}$ 表示，那么，根据 $Y=X \cdot R_{A \times B}$ 进行模糊变换，就可得出 $Y=\{y_1, y_2, \cdots, y_n\}$，即综合判断后的各决策的可能性为 y_i。

最后，我们对各可能决策按照一定的准则进行选择，得出最终的结果。

7.4 神经网络法

神经网络是模拟人的大脑结构、思维，处理问题的新型信息处理系统，具有并行处

理、学习、联想和记忆等功能，还有它的高度自组织、自适应能力和灵活性的特点，运用神经网络作为信息融合模型，只需知道一些输入输出的样本信息，通过神经网络本身的学习来调整权值，完成信息融合模型的建立，它不同于其他的融合方法，它是一种网络模型。

7.4.1 神经网络融合信息的一般方法

目前，用神经网络进行多源信息融合时，大多是利用神经网的非线性逼近能力以及它的自学功能，通过对大量样本的离线学习之后，在线融合多源信息。

一般来说，要考虑以下三个要素。

（1）神经元特性

将各传感器的输入信息综合处理为一个总体输入函数，并定义将此函数映射到相关单元的映射函数，它通过神经网络与环境的交互作用把环境的统计律反映到网络本身的结构中来，如 Sigmoid 函数、Bell 函数、Gaussian 函数等。

（2）学习规则

神经网络可以采用不同的学习算法，如 Hebb 学习规则、δ 学习规则、Kalman 滤波算法、GA 算法、反向传播学习算法等。通过学习算法，对传感器的输入信息进行学习、理解，确定权值的分配，完成知识的获取、信息的融合，进而对输出模式作出解释，将输出数值向量转换成高层逻辑概念。

（3）网络的拓扑结构

根据网络连接方式的不同，神经网络的结构形式可分为无反馈的前向网络、有反馈的前向网络；神经元各层之间有相互连接的前向网络，任何两个神经元之间都有连接的相互结合型网络，如通常用的 Kohonen 网、MLP 网、ART 网、Hopfield 网等，网络结构的选择应根据系统的要求及多源信息融合的方式，选择合适的神经网络拓扑结构。

神经网络的基本处理单元是神经元，它的一般模型如图 7-6 所示。

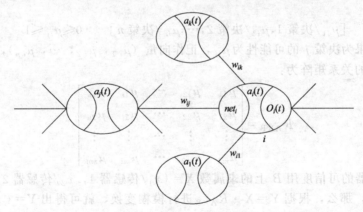

图 7-6　神经元的抽象模型

图中所示有四个神经元，并以第 i 个神经元为核心表示它们之间的连接关系：

$$net_i(t) = \sum_j \omega_{ij} o_j(t) \tag{7-27}$$

$$a_i(t) = g_i[a_i(t-1), net_i(t-1)] \tag{7-28}$$

$$o_i(t) = f_i[a_i(t)] \tag{7-29}$$

其中，$net_i(t)$ 是第 i 个神经元在时刻 t 的输入，$a_i(t)$ 是第 i 个神经元在时刻 t 的状态，$o_i(t)$ 是第 i 个神经元在时刻 t 的输出。g_i 和 f_i 是与第 i 个神经元相联系的激活函数（或称状态转移函数）和输出函数。在现有流行的神经网络理论中，为了简化起见，一般都假定状态转移函数和输出函数不随神经元而异，即 g_i 和 f_i 均与 i 无关。当 g_i 和 f_i 取某种适当的函数形式时，神经元的特性就确定了。例如，取 g 为 A^n 到 R 的线性映射，f 为 R 到 A 的阈值函数，$A=\{0,1\}$，R 为实轴空间，则有：

$$o_i(t+1) = \text{sign}\left[\sum_j \omega_{ij} a_j(t) - T_i\right] \tag{7-30}$$

式中，T_i 是第 i 个神经元的阈值。

通常假定神经元的学习规则（即其权值的调节规则）为 Hebb 规则，即

$$\Delta \omega_{ij} = \alpha a_i a_j \qquad \alpha > 0 \tag{7-31}$$

式中，α 是调节系数。

利用神经元可以构成各种不同拓扑结构的神经网络，其中两种典型的结构模型分别是前馈式和反馈式。目前，已有的典型神经网络有 BP 网络、Hopfield 网络、Boltzmann 机、Kohonen 网络等。

采用神经网络融合多源信息具有以下一些特点：

① 具有统一的内部知识表达形式，通过学习方法可将网络获得的多源信息进行融合，获得相关的网络的参数，如连接权矩阵、节点偏移向量等，并且可将知识规则转换成数学形式，便于建立知识库。

② 利用外部环境信息，便于实现知识的自动获取及并行联想推理。

③ 能够将不确定环境的复杂关系，经过学习推理，融合系统理解的准确信号。

④ 网络具有大规模的并行处理信息的能力，使得信息处理的速度较快。

7.4.2 神经网络在融合中的应用

将神经网络用于多种传感器信息的融合时，我们首先要根据系统的要求以及传感器的特点选择合适的神经网络模型，包括网络的拓扑结构、神经元特性和学习规则；同时，还需要建立其输入与传感器信息、输出与系统决策之间的映射关系，然后根据已有的传感器信息和对应的系统决策对它进行学习，确定权值的分配，完成网络的训练。训练好的神经网络参加实际的融合过程，如图 7-7 所示。传感器获得的信息首先经过适当的处理过程 1，作为神经网络输入，神经网络对它进行处理并输出相关的结果，处理过程 2 再将它解释为系统具体的决策行为。

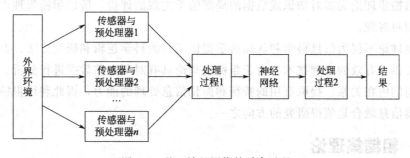

图 7-7 基于神经网络的融合过程

7.5 粗糙集理论

在多传感器信息融合过程中，我们常常会遇到传感器数据超载的问题。用 D-S 证据理论融合传感器数据还会出现组合爆炸的问题，用神经网络进行多传感器信息融合时存在样本集的选择问题。模糊集理论进行信息融合时，模糊规则不易建立，隶属函数难以确定。这些问题制约了传感器信息融合的发展，如何从传感器测量数据本身出发，通过对传感器的冗余信息或互补信息的分析，对冗余信息进行处理，找出数据之间的内在关系，得到融合算法，成为等待解决的问题。这一问题的解决，不仅解决了传感器数据超载问题，提高了融合速度，而且可以对不完整信息进行融合。另一方面，在进行多传感器信息融合系统的设计时，往往面临数据库的设计问题，如机器人物体识别的模型库的建立。如何从大量的传感器测量数据里，发现知识、综合出系统所必需的数据库，也是一个需要解决的问题。粗糙集（Rough set）理论的出现为我们解决这些问题提供了强有力的手段。

粗糙集理论最早是由波兰数学家 Z. Pawlak 于 1982 年提出的，是一种处理模糊和不精确性问题的新型数学工具。在分类的意义下，这个理论定义了模糊性和不确定性的概念。由于最初的研究大多是用波兰文发表的，因此这项研究当时并未引起国际计算机科学界和数学界的重视，研究地域也局限在东欧各国，直到 20 世纪 90 年代末，由于粗糙集理论在机器学习与知识发现、数据挖掘、决策支持与分析等方面的广泛应用，才引起世界各国学者的广泛关注。近年来该理论广泛用于机器学习、从数据中发现知识、决策支持与分析、专家系统与智能控制等研究领域。

粗糙集理论在某种程度上与许多其他处理模糊和不精确性问题的数学工具有相似之处，特别是和 D-S 证据理论有相似之处。两者之间的主要区别在于 D-S 理论利用信用度函数作为处理工具，而粗糙集理论则利用上近似集和下近似集。将粗糙集理论和模糊理论进行多方面比较可以发现，粗糙集理论是模糊理论的一种补充，两者对于不完全知识的处理来说，有各自独特的方法。粗糙集理论的重要优点就是无需提供除问题所需的数据集合之外的任何先验信息。而 D-S 证据理论中的基本可信度分配、统计学中的概率分布以及模糊理论中的隶属函数均需要凭借系统设计者的经验是先给定，这些不确定的确定带有强烈的主观色彩。而粗糙集理论则无需这些先验信息，它利用定义在数据集合上的等价关系对集合的划分作为知识，而对知识的不确定测量则是对被分析的数据整体处理之后自然获得，这样粗糙集理论无需对知识或数据的局部给予主观的评价，所以粗糙集理论对不确定性的描述相对客观。

粗糙集理论不仅为信息科学和认知科学提供了新的科学逻辑和研究方法、而且为智能信息处理提供了有效的处理技术。由于粗糙集理论具有对不完整数据进行分析、推理，并发现数据间的内在关系、提取有用的特征和简化信息处理的能力，因此利用粗糙集理论进行多传感器信息融合是值得研究的方向之一。

7.5.1 粗糙集理论

设 $U \neq \Phi$ 是研究对象的全体组成的有限集合，称为论域。任意子集 $X \subseteq U$，称为 U 中的一个概念或范畴。为规范起见，我们认为空集也是一个概念。U 中的任何一个概念称为 U 的抽象知识，简称知识。

设 R 为 U 上的一簇等价关系的集合，则称 $<U，R>$ 为一个知识基（Knowledge Base）。对于任意 $R \in R$，$AS = <U，R>$ 称为一个近似空间（Approximation Space）或知识结构。对任意的 $(x，y) \in U \times U$，若 $(x，y) \in R$，则称对象 x 与 y 在近似空间 AS 中是不可分辨的。

由离散数学的相关知识，易知 U 上的一个二元等价关系与 U 上的一个划分之间——对应，若令 U/R 表示由二元等价关系 R 导出的论域的一个划分，则 U/R 中的元素称为基本集或原子集。

在近似空间 AS 中，对于任意 $X \subseteq U$，若 X 是一些 R-基本集的并集，则称 X 是 R-可定义的，否则 X 是 R-不可定义的，R-可定义集也称为 R-精确集或 R-恰当集，而 R-不可定义集也称为 R-非精确集或 R-粗糙集。

（1）近似集

对于论域 U 上任意一个子集 X，X 不一定能用 AS 中的知识来精确地描述，即 X 可能为不可定义集，这时就用 X 关于 AS 的下近似 $R_*(X)$ 和上近似 $R^*(X)$ 来近似地描述。

定义：设 U 是论域，R 是 U 上不分明的关系（等价关系），对于任意 $X \subseteq U$，则 X 的上近似集 $R^*(X)$ 和下近似集 $R_*(X)$ 为：

$$R^*(X) = \{X \in U : R(X) \bigcap X \neq \Phi\} \tag{7-32}$$

$$R_*(X) = \{X \in U : R(X) \subseteq X\} \tag{7-33}$$

其中 Φ 为空集，$R(X)$ 是包含 X 的等价类，即 R-基本集，则二元对 $((R_*(X)，R^*(X))$ 被称为粗糙集。用二元对定义粗糙集，提出了其下界和上界，即 U 上关于其子集 X 的含糊元素的数目介于 $R_*(X)$ 和 $R^*(X)$ 元素数目之间。

（2）正域、负域和边界域

通过 X 基于等价关系 R 的下近似和上近似，我们还可以得到 X 的正区域、负区域和边界域的集合，分别为

$$POS_R(X) = R_*(X) \tag{7-34}$$

$$Neg_R(X) = U - R_*(X) \tag{7-35}$$

$$BN_R(X) = R^*(X) - R_*(X) \tag{7-36}$$

正域 $POS_R(X)$ 或 X 的下近似是那些对于知识 R 能完全确定地属于 X 的对象的集合。类似地，负域 $Neg_R(X)$ 是那些对于知识 R 毫无疑问地不属于 X 的对象的集合，它们是属于 X 的补集。边界域是某种意义上论域的不确定域，对于知识 R，属于边界域的对象不能确定地划分是属于 X 或是 $\overline{X}$。X 的上近似是由那些对于知识 R 不能排除它们属于 X 的可能性的对象构成的；从形式上看，上近似就是正域和边界域的并集。

边界域意味着由于掌握的知识不完全而存在不能辨识的区域，即 $BN_R(X)$ 上的元素是不可分明的，所以，U 上子集 X 关于 U 上不分明关系 R 是粗糙的主要是 $BN_R \neq \Phi$。否则，它是可分明的。一个集合的边界越大，则这个集合的含糊元素也越多。

我们用图 7-8 描述一个二维空间中的集合 X 的上近似集、下近似集和边界域的概念。这个空间由划分成基本区域的长方形构成的 $(U，R)$ 定义，每个基本区域代表 R 的一个

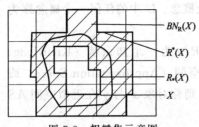

$BN_R(X)$

$R^*(X)$

$R_*(X)$

X

图 7-8 粗糙集示意图

等价类，阴影区域代表 X 的 R 边界，是 X 的不确定区域，除此以外 $R_*(X)$ 的所有区域是负域。

从以上可以发现：

当且仅当 $R_*(X)=R^*(X)$ 时，X 为 R 可定义集；

当且仅当 $R_*(X)\neq R^*(X)$ 时，X 为 R 粗糙集。

设 U 为一论域，X，$Y\subseteq U$，下、上近似具有下列性质：

① $R_*(X)\subseteq X\subseteq R^*(X)$；

② $R_*(\Phi)=\Phi=R^*(\Phi)$；

③ $R_*(U)=U=R^*(U)$；

④ $R_*(X\bigcup Y)\supseteq R_*(X)\bigcup R_*(Y)$；

⑤ $R_*(X\bigcap Y)=R_*(X)\bigcap R_*(Y)$；

⑥ $R^*(X\bigcap Y)\subseteq R^*(X)\bigcap R^*(Y)$；

⑦ $R^*(X\bigcup Y)=R^*(X)\bigcup R^*(Y)$；

⑧ $X\subseteq Y\Rightarrow R_*(X)\subseteq R_*(Y),R^*(X)\subseteq R^*(Y)$；

⑨ $R_*(R_*(X))=R_*(X)$；

⑩ $R^*(R^*(X))=R^*(X)$。

（3）近似精度

集合的不确定性是由于边界域的存在而引起的，集合的边界域越大，其精确性则越低，不确定性就越大。为了更精确地表示这一思想，Pawlak 通过定义近似精度 $d_R(X)$，Yao 通过定义粗糙度 $P_R(X)$ 来刻画这种不确定性，同时证明了近似精度与粗糙度之间是互补的。

定义：（近似精度）由等价关系 R 定义的集合 X 的近似精度为：

$$d_R(X)=\mathrm{card}[R_*(X)]/\mathrm{card}[R^*(X)] \tag{7-37}$$

其中，$X\neq \Phi$，card（ ）表示集合 X 的基数。

精度 $d_R(X)$ 用来反映人们根据现有知识对集合 X 的了解程度。显然，对于每一个 R 和 $X\subseteq U$，有 $0\leqslant d_R(X)\leqslant 1$。当 $d_R(X)=1$ 时，集合 X 的 R 边界域为空集，集合 X 为 R 可定义的；当 $d_R(X)<1$ 时，集合 X 有非空 R 边界域，集合 X 为 R 不可定义的。

集合 X 的 R 粗糙度 $P_R(X)$ 定义为：

$$P_R(X)=1-d_R(X) \tag{7-38}$$

集合 X 的 R 粗糙度与精度恰恰相反，它表示的是集合 X 的集合的不完全程度。

下面用一个简单的例子说明上近似集、下近似集、边界域、精度以及粗糙度的概念。

假设给定一知识库 $K=(U，R)$，其中 $U=\{x_1,x_2,\cdots,x_8\}$ 和一个等价关系 R，且有下列等价类 $E_1=\{x_1,x_4,x_8\}$，$E_2=\{x_2,x_5,x_7\}$，$E_3=\{x_3\}$ 和 $E_4=\{x_6\}$，对于集合 $X=\{x_3，x_5\}$ 则：

$$R_*(X)=\{x\in U:R(x)\subseteq X\}=E_3=\{x_3\}$$

$$R^*(X)=\{x\in U:R(x)\bigcap X\neq \Phi\}=E_2\bigcup E_3=\{x_2,x_3,x_5,x_7\}$$

$$BN_R(X)=R^*(X)-R_*(X)=\{x_2,x_5,x_7\}$$

$$d_R(X)=card(R_*(X))/card(R^*(X))=1/4$$

$$P_R(X)=1-d_R(X)=3/4$$

由上述可以看到，与概率论和模糊集合论不同，不精确性的数值不是事先假定的，而是通过表达集合不精确性的概念近似计算得到的。这里不需要指定精确的数值去表达不精确的集合，而是采用量化概念（分类）来处理。

除了用数值（近似程度的精度）来表示粗糙集的特征以外，也可以根据上、下近似的定义来表达粗糙集的另一个有用的特征，即拓扑特征。下面定义四种不同的重要粗糙集：

若 $R_*(X) \neq \Phi$ 且 $R^*(X) \neq U$，则称 X 是 R 粗糙可定义的；

若 $R_*(X) = \Phi$ 且 $R^*(X) \neq U$，则称 X 是 R 不可定义的；

若 $R_*(X) \neq \Phi$ 且 $R^*(X) = U$，则称 X 是 R 外不可定义的；

若 $R_*(X) = \Phi$ 且 $R^*(X) = U$，则称 X 是 R 全不可定义的。

这种划分的意义如下：如果集合 X 为 R 粗糙可定义的，则可以确定 U 中某些元素属于 X 或 $\overline{X}$；如果 X 为 R 内不可定义，意味着可以确定 U 中某些元素一定属于 $\overline{X}$，但不能确定 U 中是否存在某个元素属于 X；如果 X 为 R 外不可定义，则可以确定 U 中某些元素一定属于 X，但不能确定 U 中某个元素是否属于 $\overline{X}$；如果 X 为 R 全不可定义，则不能确定 U 中某个元素一定属于 X 或一定属于 $\overline{X}$。

粗糙集的数字特征表示了集合边界域的大小，但没有说明边界域的结构；而粗糙集的拓扑特征没有给出边界域大小的信息，它提供的是边界域的结构。因此在粗糙集的实际应用中，我们需要将边界域的两种信息结合起来，既要考虑精度因素，又要考虑集合的拓扑结构。

（4）约简与核

知识约简是指在不影响知识表达能力的条件下，通过消除冗余知识，从而获得知识库的约简表达方法。在粗糙集理论中，就是针对信息系统，在保持信息系统分类或决策能力不变的前提下，通过消除冗余属性或冗余属性值，最终得到信息系统的分类或决策规则的方法。知识约简是粗糙集理论的精髓，是从信息系统中获取知识的方法和途径，也是粗糙集理论的重要研究内容和热点问题之一。

设 R 为一等价关系簇，且 $r \in R$，如果 $\mathrm{ind}(R) = \mathrm{ind}(R - \{r\})$，则称 r 在 R 中是冗余的，否则称 r 是 R 中必要的。其中 ind（　）表示不分明关系。若对任意 $r \in R$，r 都是必要的，则 R 是独立的，否则 R 是相关的。

定义：如果 $Q \subseteq P$，Q 是独立的且 $\mathrm{ind}(P) = \mathrm{ind}(Q)$，则称 Q 为 P 的约简。

简约 Q 是能够与 P 表达同样知识的最小等价关系集合，是 P 中的重要部分。虽然 Q 去除了部分多余的知识，仍然可以取得与原有的完整知识库一样的分类结果。

定义：P 中所有必要的关系的集合称为 P 的核，记为 $\mathrm{core}(P)$。

核和简化的关系为：

$$\mathrm{core}(P) = \bigcap \mathrm{red}(P) \tag{7-39}$$

其中，$\mathrm{red}(P)$ 是 P 的所有简化簇。

核可以作为所有简约的计算基础，核包含在所有的简化簇中，核在知识化简时，它是不可消去的特征部分集合。

令 P 和 Q 为 U 中的等价关系，Q 的 P 正域为：

$$\mathrm{pos}_P(Q) = UP_* \begin{pmatrix} X \\ X \in Q \end{pmatrix} \tag{7-40}$$

P 和 Q 的依赖关系定义为：

$$r_P(Q) = card(pos_P(Q))/card(U) \qquad (7-41)$$

其中 $card(P)$ 表示集合 P 的基数，显然 $0 \leqslant r_P(Q) \leqslant 1$，利用 P 和 Q 的依赖关系 $r_P(Q)$，可以判定 P 和 Q 等价类的相容性，当 $r_P(Q)=1$ 时，表示 P 和 Q 是相容的，而 $r_P(Q) \neq 1$ 时，P 和 Q 是不相容的。利用 P 和 Q 的依赖关系，我们就可以对大量的数据进行分析，剔除相容信息，找出数据间内在本质的关系。

7.5.2 基于粗糙集理论的多传感器信息融合

在多传感器信息融合系统中，各种传感器的信息有可能是互补的或者矛盾冲突的，也有可能是模糊的或者确定的。如何对来自不同途径、不同时空的传感器信息进行分析、优化、综合降低其不一致性，更完整、更全面地描述被测对象的特征，提高信息融合系统的融合速度和正确率，是一个有待研究和解决的问题。

粗糙集理论在无任何先验知识的情况下，也能够分析和处理不完整、不一致、不精确的信息或知识，并发现信息间的内在关系，提取有用特征和简化信息处理。所以将粗糙集理论应用到多传感器信息融合中，能提取出完全简化的决策规则，得到快速有效的信息融合算法。

由于粗糙集理论智能处理离散型的信息，因此需要对传感器测量的值进行离散化。在这里，离散化可以把一个信息系统的最优分类性质作为选择离散化的基本原则。采用 Rough set 理论进行信息融合的具体步骤为：

① 将采集到的样本信息按条件属性和结论属性编制一张信息表。
② 利用属性化简及核等概念去掉冗余的条件属性及重复信息，得出简化信息表。
③ 求出核值表。
④ 由核值表求出信息表的简化形式。
⑤ 汇总对应的最小规则，得出最快融合算法。

我们以 SCARA 型机器人为例，假设有四种传感器所测得的值分别为 a、b、c、d，目的是通过四种传感器来识别工作台上的四种工件。通常，识别待测工件时，首先要根据工件的特征，利用专家的经验知识，建立工件特征库。然后将传感器测得的值与特征库进行匹配，并得出结论。特征库的建立是一项极为费时费力的工作，这里，我们用四种传感器分别对四种工件进行多次测量，用粗糙集理论来分析这些测量，得出决策融合算法。为此，我们先对 a、b、c、d 四种测量值依据一定的准则进行编码，把 a、b 和 c 值分为四档，d 分为三档。如 c 值表示物体表面粗糙度，表示范围为：

$$1—(0.58\sim1.12);2—(1.13\sim1.67);$$
$$3—(1.68\sim2.22);4—(2.23\sim2.77)$$

d 特征值表示工件重量，范围为：

$$1—(0.93\sim1.58);2—(1.59\sim2.24);3—(2.25\sim2.90)$$

零件 e 的编码为：

$$1\text{-}A \text{ 物体};2\text{-}B \text{ 物体};3\text{-}C \text{ 物体};4\text{-}D \text{ 物体}$$

根据机器人多次测量的数据，我们用编码值得出表 7-1 机器人识别物体的信息表。

表 7-1　机器人物体识别信息表

U	a	b	c	d	e
1	1	3	2	2	1
2	1	1	2	2	1
3	1	1	2	3	1
4	3	1	2	3	2
5	3	1	2	2	2
6	3	3	2	2	2
7	1	1	2	1	3
8	1	3	2	1	3
9	4	3	2	1	3
10	4	3	4	1	4
11	4	4	4	1	4
12	4	4	4	2	4
13	4	3	4	2	4
14	4	1	4	2	4

设 $P=\{a,b,c,d\}$ 是条件属性，Q 是 P 的等价类，$F=\{e\}$ 为决策属性。信息表就是由条件属性和决策属性组成的，粗糙集理论进行信息融合就是对信息表化简、寻求最小决策算法的过程。下面首先考虑相容性的问题，根据粗糙集理论可以考察是否存在 $r_P(Q)=1$，因为所有的条件都是不同的，考察 Q 和 P 的依赖或表 7-1 的相容性就是判断表中的行为是否由那些条件唯一确定。从表 7-1 中去掉条件 a 得到表 7-2。

表 7-2　去掉条件属性 a 的信息表

U	b	c	d	e
1	3	2	2	1
2	1	2	2	1
3	1	2	3	1
4	1	2	3	2
5	1	2	2	2
6	3	2	2	2
7	1	2	1	3
8	3	2	1	3
9	3	2	1	3
10	3	4	1	4
11	4	4	1	4
12	4	4	2	4
13	3	4	2	4
14	1	4	2	4

从表 7-2 可以发现下列决策规则对是不相容的：

$$b_1 c_2 d_3 \Rightarrow e_1（第 3 行）\quad b_1 c_2 d_3 \Rightarrow e_2（第 4 行）$$
$$b_1 c_2 d_2 \Rightarrow e_1（第 2 行）\quad b_1 c_2 d_2 \Rightarrow e_2（第 5 行）$$

所以，表 7-2 是不相容的，条件属性 a 是必需的。从表 7-1 中去掉条件属性 b 得到表 7-3。

表 7-3 去掉条件属性 b 的信息表

U	a	c	d	e
1	1	2	2	1
2	1	2	2	1
3	1	2	3	1
4	3	2	3	2
5	3	2	2	2
6	3	2	2	2
7	1	2	1	3
8	1	2	1	3
9	4	2	1	3
10	4	4	1	4
11	4	4	1	4
12	4	4	2	4
13	4	4	2	4
14	4	4	2	4

从表 7-3 可以看出：

$$a_1 c_2 d_2 \Rightarrow e_1（第1行）\qquad a_1 c_2 d_2 \Rightarrow e_1（第2行）$$
$$a_1 c_2 d_1 \Rightarrow e_3（第7行）\qquad a_1 c_2 d_1 \Rightarrow e_3（第8行）$$
$$a_4 c_4 d_1 \Rightarrow e_4（第10行）\quad a_4 c_4 d_1 \Rightarrow e_4（第11行）$$
$$a_4 c_4 d_2 \Rightarrow e_4（第12行）\quad a_4 c_4 d_2 \Rightarrow e_4（第13行）$$

第 1 行和第 2 行、第 7 行和第 8 行、第 10 行和第 11 行、第 12 行和第 13 行的决策规则是相容的，所以表 7-3 是相容的，属性 b 是冗余的，可以省略。采用同样的方法对属性 c 和属性 d 进行分析，可发现属性 c 和属性 d 是不可省略的。因此，属性 a、c、d 是 Q 不可省略的，属性 b 是 Q 可省略的，即 $\{a、c、d\}$ 是 P 的 Q 核和 P 的唯一简化。通过删除重复的实例，删除多余的属性，得到新的决策表 7-4。

表 7-4 机器人工识别新的决策表

U	a	c	d	e
1	1	2	2	1
2	1	2	3	1
3	3	2	3	2
4	3	2	2	2
5	1	2	1	3
6	4	2	1	3
7	4	4	1	4
8	4	4	2	4

进行了属性约简后，还要进行值的约简，以求出核值和简化值。故我们要寻找区别所有的决策所必需的那些属性值，保持表的相容性。以计算表 7-4 中第一决策规则 $a_1 c_2 d_2 \Rightarrow e_1$ 的核值和简化值为例，该决策规则中 a_1 和 d_2 是不可省略的，因为下列规则对是不相容的。

$$c_2 d_2 \Rightarrow e_1 (第 1 行)　　c_2 d_2 \Rightarrow e_2 (第 4 行)$$
$$a_1 c_2 \Rightarrow e_1 (第 1 行)　　　a_1 c_2 \Rightarrow e_2 (第 5 行)$$

而属性 c_2 是可忽略的，因为决策规则 $a_2 d_2 \Rightarrow e_1$ 是相容的。于是 a_1 和 d_2 是表 7-4 中第一个规则 $a_1 c_2 d_2 \Rightarrow e_1$ 的核值。对其余决策规则按照此方法计算核值，列入表 7-5，得到决策规则的核值表。

表 7-5　决策规则核值表

U	b	c	d	e
1	1	—	2	1
2	1	—	3	1
3	3	—	—	2
4	3	—	—	2
5	—	—	1	3
6	—	2	—	3
7	—	4	—	4
8	—	—	—	4

为了得到决策规则的简化，我们要把规则的条件属性的那些值加到每一决策规则的核值，规则的因是独立的，整个规则为真。从表上可以看出，在第 e_1 和 e_2 类决策中，每一决策的核值和集合是简化的，因为下列规则为真

$$a_1 d_2 \Rightarrow e_1 ; a_1 d_3 \Rightarrow e_1 ; a_3 \Rightarrow e_2$$

对于 e_3 和 e_4 类决策，核值不能形成值约简化，因为下列规则是不相容的。

$$d_1 \Rightarrow e_3 (第 5 行)　　　c_4 \Rightarrow e_4 (第 7 行)$$
$$c_2 \Rightarrow e_3 (第 6 行)　　　— \Rightarrow e_2 (第 4 行)$$

因此，工件识别的最快融合算法为

$$a_1 d_2 \vee a_1 d_3 \Rightarrow e_1　　　a_3 \Rightarrow e_2$$
$$c_2 d_1 \vee a_4 c_2 \vee a_1 d_1 \Rightarrow e_3　　　c_4 \Rightarrow e_4$$

决策规则的简化表如表 7-6 所示。

从以上算法中我们可以看到，通过粗糙集理论对大量的传感器数据进行处理，找出了数据间的内在联系，得到了最快融合算法。但是我们注意到：由于采集的传感器数据不充分，传感器数据的离散化方法欠妥当等因素，对融合方法有很大的影响，这方面的工作还有待进一步研究。粗糙集理论融合传感器信息与传统方法相比具有以下优点：无需建立模型库；能够融合不完整和不精确的信息，粗糙集方法求出的是一种最小算法，而最小算法是一种传感器信息融合的最快方法，因此这对提高系统的融合速度，增强决策能力具有重要的意义。

表 7-6　决策规则表的简化表

U	a	c	d	e
1	1	X	2	1
2	1	X	3	1
3	3	X	X	2
4	3	X	X	2
5	X	2	1	3
5′	1	X	X	3
6	4	2	X	3
7～8	x	4	x	4

　　基于粗糙集理论的多传感器信息融合很多问题考虑得还很不成熟，如对多传感器的测量信息，能否利用粗糙集理论判断数据的一致性，以提高系统的测量精度；能否通过求取正区域的方法来自动获取融合规则；如何用粗糙集理论对不精确和不完全的信息进行融合等，还有很多问题需要解决。将粗糙集理论和模糊理论、神经网络理论有机结合，可望成为未来多传感器信息融合的研究热点问题之一。

第 **8** 章

多传感器在装配机器人中的应用

8.1 多传感器信息融合系统组成

　　自动生产线上，被装配的工件初始位置时刻在运动，属于环境不确定的情况。机器人进行工件抓取或装配时使用力和位置的混合控制是不可行的，而一般使用位置、力反馈和视觉融合的控制来进行抓取或装配工作。

　　多传感器信息融合装配系统由末端执行器、CCD 视觉传感器、超声波传感器、柔性腕力传感器及相应的信号处理单元等构成。CCD 视觉传感器安装在末端执行器上，构成手眼视觉；超声波传感器的接收和发送探头也固定在机器人末端执行器上，由 CCD 视觉传感器获取待识别和抓取物体的二维图像，并引导超声波传感器获取深度信息；柔性腕力传感器安装于机器人的腕部。多传感器信息融合装配系统结构如图 8-1 所示。

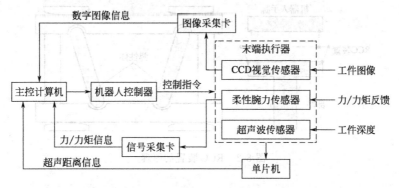

图 8-1　多传感器信息融合装配系统结构

　　图像处理主要完成对物体外形的准确描述，包括图像边缘提取、周线跟踪、特征点提取、曲线分割及分段匹配、图形描述与识别。CCD 视觉传感器获取的物体图像经处理后，可提取对象的某些特征，如物体的形心坐标、面积、曲率、边缘、角点及短轴方向等，根据这些特征信息，可得到对物体形状的基本描述。

由于 CCD 视觉传感器获取的图像不能反映工件的深度信息，因此对于二维图形相同，仅高度略有差异的工件，只用视觉信息不能正确识别。在图像处理的基础上，由视觉信息引导超声波传感器对待测点的深度进行测量，获取物体的深度（高度）信息，或沿工件的待测面移动，超声波传感器不断采集距离信息，扫描得到距离曲线，根据距离曲线分析出工件的边缘或外形。计算机将视觉信息和深度信息融合推断后，进行图像匹配、识别，并控制机械手以合适的位姿准确地抓取物体。

安装在机器人末端执行器上的超声波传感器由发射和接收探头构成，根据声波反射的原理，检测由待测点反射回的声波信号，经处理后得到工件的深度信息。为了提高检测精度，在接收单元电路中，采用可变阈值检测、峰值检测、温度补偿和相位补偿等技术，可获得较高的检测精度。

柔性腕力传感器测试末端执行器所受力/力矩的大小和方向，从而确定末端执行器的运动方向。

8.2 位姿传感器

（1）远程中心柔顺（RCC）装置

远程中心柔顺装置不是实际的传感器，在发生错位时起到感知设备的作用，并为机器人提供修正的措施。RCC 装置完全是被动的，没有输入和输出信号，也称被动柔顺装置。RCC 装置是机器人腕关节和末端执行器之间的辅助装置，使机器人末端执行器在需要的方向上增加局部柔顺性，而不会影响其他方向的精度。

图 8-2 所示为 RCC 装置的原理，它由两块刚性金属板组成，其中剪切柱在提供横侧向柔顺的同时，将保持轴向的刚度。实际上，一种装置只在横侧向和轴向或者在弯曲和翘起方向提供一定的刚性（或柔性），它必须根据需要来选择。每种装置都有一个给定的中心到中心的距离，此距离决定远程柔顺中心相对柔顺装置中心的位置。因此，如果有多个零件或许多操作需有多个 RCC 装置，并要分别选择。

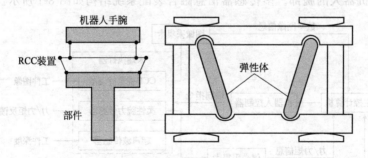

图 8-2 RCC 装置的原理

RCC 的实质是机械手夹持器具有多个自由度的弹性装置，通过选择和改变弹性体的刚度可获得不同程度的适从性。

RCC 部件间的失调引起力矩和力，通过 RCC 装置中不同类型的位移传感器可获得跟力矩和力成比例的电信号，使用该电信号作为力或力矩反馈的 RCC 称 IRCC（Instrument Remote Control Centre）。Barry Wright 公司的 6 轴 IRCC 提供跟 3 个力和 3 个力矩成比例的电信号，内部有微处理器、低通滤波器以及 12 位数模转换器，可以输出数字和模拟信号。

（2）主动柔顺装置

主动柔顺装置根据传感器反馈的信息对机器人末端执行器或工作台进行调整，补偿装配件间的位置偏差。根据传感方式的不同，主动柔顺装置可分为基于力传感器的柔顺装置、基于视觉传感器的柔顺装置和基于接近度传感器的柔顺装置。

① 基于力传感器的柔顺装置。使用力传感器的柔顺装置的目的，一方面是有效控制力的变化范围，另一方面是通过力传感器反馈信息来感知位置信息，进行位置控制。就安装部位而言，力传感器可分为关节力传感器、腕力传感器和指力传感器。关节力/力矩传感器使用应变片进行力反馈，由于力反馈是直接加在被控制关节上，且所有的硬件用模拟电路实现，避开了复杂计算难题，响应速度快。腕力传感器安装于机器人与末端执行器的连接处，它能够获得机器人实际操作时的大部分的力信息，精度高，可靠性好，使用方便。常用的结构包括十字梁式、轴架式和非径向三梁式，其中十字梁结构应用最为广泛。指力传感器一般通过应变片测量而产生多维力信号，常用于小范围作业，精度高，可靠性好，但多指协调复杂。

② 基于视觉传感器的柔顺装置。基于视觉传感器的主动适从位置调整方法是通过建立以注视点为中心的相对坐标系，对装配件之间的相对位置关系进行测量，测量结果具有相对的稳定性，其精度与摄像机的位置相关。螺纹装配采用力和视觉传感器，建立一个虚拟的内部模型，该模型根据环境的变化对规划的机器人运动轨迹进行修正；轴孔装配中用二维位置传感器（PSD）来实时检测孔的中心位置及其所在平面的倾斜角度，PSD 上的成像中心即为检测孔的中心。当孔倾斜时，PSD 上所成的像为椭圆，通过与正常没有倾斜的孔所成图像的比较就可获得被检测孔所在平面的倾斜度。

③ 基于接近度传感器的柔顺装置。装配作业需要检测机器人末端执行器与环境的位姿，多采用光电接近度传感器。光电接近度传感器具有测量速度快、抗干扰能力强、测量点小和使用范围广等优点。用一个光电传感器不能同时测量距离和方位的信息，往往需要用两个以上的传感器来完成机器人装配作业的位姿检测。

（3）光纤位姿偏差传感系统

图 8-3 所示为集螺纹孔方向偏差和位置

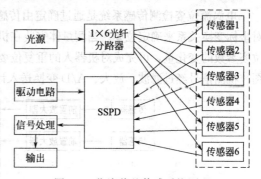

图 8-3　位姿偏差传感系统原理

偏差检测于一体的位姿偏差传感系统原理。该系统采用多路单纤传感器，光源发出的光经 1×6 光纤分路器，分成 6 路光信号进入 6 个单纤传感点，单纤传感点同时具有发射和接收功能。传感点为反射式强度调制传感方式，反射光经光纤按一定方式排列，由固体光电二极管阵列 SSPD 光敏器件接收，最后进入信号处理。3 个检测螺纹孔方向的传感器（1、2、3）分布在螺纹孔边缘圆周（2～3cm）上，传感点 4、5、6 检测螺纹位置，垂直指向螺纹孔倒角锥面，传感点 2、3、5、6 与传感点 1、4 垂直。

根据多模光纤纤端出射光场的强度分布，可得到螺纹孔方向检测和螺纹孔中心位置的数学模型为

$$\begin{cases} d_1 = d - \dfrac{\phi_2}{2}\cos\alpha\tan\theta \\[2mm] d_2 = d + \dfrac{\phi_2}{2}\sin\alpha\tan\theta \\[2mm] d_3 = d - \dfrac{\phi_2}{2}\sin\alpha\tan\theta \\[2mm] E_i(\alpha,\ \theta) = \dfrac{V_i(d_i,\ \theta)}{V_{i+1}(d_{i+1},\ \theta)} \quad (i=0,\ 1,\ 2) \end{cases} \tag{8-1}$$

$$\begin{cases} d_4 = \dfrac{2h}{\sqrt{3}} - \dfrac{\phi_1 - 2\sqrt{e_x^2 + (\phi_1/2 + e_y)^2}}{4} \\[3mm] d_5 = \dfrac{2h}{\sqrt{3}} - \dfrac{\phi_1 - 2\sqrt{(\phi_1/2 - e_x)^2 + e_y^2}}{4} \\[3mm] d_6 = \dfrac{2h}{\sqrt{3}} - \dfrac{\phi_1 - 2\sqrt{(\phi_1/2 + e_x)^2 + e_y^2}}{4} \\[3mm] E_i(d_{i-1},\ d_i) = \dfrac{V_{i-1}(d_{i-1})}{V_i(d_i)} \quad (i=5,\ 6) \end{cases} \tag{8-2}$$

式（8-1）和式（8-2）中，d 为传感头中心到螺纹孔顶面的距离；d_i 为第 i 个传感点到螺纹孔顶面的距离；θ 为螺纹孔顶面与传感头之间的倾斜角；α 为传感头转角；ϕ_2 为传感点 1、2、3 所处圆的直径；ϕ_1 为传感点 4、5、6 所处圆的直径；h 为传感头到螺纹孔顶面的距离；$V_i(d_i,\ \theta)$ 为传感点 i 在螺纹孔的位姿为 d_i 和 θ 时的电压输出信号；e_x、e_y 为传感点 4、5、6 中心与螺纹孔中心的偏心值。

（4）电涡流位姿检测传感系统

电涡流位姿检测传感系统是通过确定由传感器构成的测量坐标系和测量体坐标系之间的相对坐标变换关系来确定位姿。当测量体安装在机器人末端执行器上时，通过比较测量体的相对位姿参数的变化量，可完成对机器人的重复位姿精度检测。图 8-4 所示为位姿检测传感系统框图。检测信号经过滤波、放大、A/D 变换送入计算机进行数据处理，计算出位姿参数。

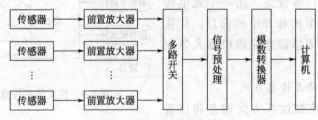

图 8-4 位姿检测传感系统框图

为了能用测量信息计算出相对位姿，由 6 个电涡流传感器组成的特定空间结构来提供位姿和测量数据。传感器的测量空间结构如图 8-5 所示，6 个传感器构成三维测量坐标系，其中传感器 1、2、3 对应测量面 xOy，传感器 4、5 对应测量面 xOz，传感器 6 对应测量面 yOz。每个传感器在坐标系中的位置固定，这 6 个传感器所标定的测量范围就是该测量系统的测量范围。当测量体相对于测量坐标系发生位姿变化时，电涡流传感器的输出信号会随测量距离成比例地变化。

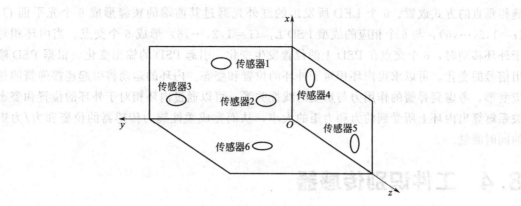

图 8-5　传感器的测量空间结构

8.3　柔性腕力传感器

装配机器人在作业过程中需要与周围环境接触，在接触的过程中往往存在力和速度的不连续问题。腕力传感器安装在机器人手臂和末端执行器之间，更接近力的作用点，受其他附加因素的影响较小，可以准确地检测末端执行器所受外力/力矩的大小和方向，为机器人提供力感信息，有效地扩展了机器人的作业能力。

在装配机器人中除使用应变片 6 维筒式腕力传感器和十字梁腕力传感器外，还大量使用柔性腕力传感器。柔性手腕能在机器人的末端操作器与环境接触时产生变形，并且能够吸收机器人的定位误差。机器人柔性腕力传感器将柔性手腕与腕力传感器有机地结合在一起，不但可以为机器人提供力/力矩信息，而且本身又是柔顺机构，可以产生被动柔顺，吸收机器人产生的定位误差，保护机器人、末端操作器和作业对象，提高机器人的作业能力。

柔性腕力传感器一般由固定体、移动体和连接二者的弹性体组成。固定体和机器人的手腕连接，移动体和末端执行器相连接，弹性体采用矩形截面的弹簧，其柔顺功能就是由能产生弹性变形的弹簧完成。柔性腕力传感器利用测量弹性体在力/力矩的作用下产生的变形量来计算力/力矩。

柔性腕力传感器的工作原理如图 8-6 所示，柔性腕力传感器的内环相对于外环的位置和姿态的测量采用非接触式测量。传感元件由 6 个均布在内环上的红外发光二极管（LED）和 6 个均布在外环上的线型位置敏感元件（PSD）构成。PSD 通过输出模拟电流信号来反映照射在其敏感面上光点的位置，具有分辨率高、信号检测电路简单、响应速度快等优点。

为了保证 LED 发出的红外光形成一个光平面，在每一个 LED 的前方安装了一个狭缝，狭缝按照垂直和水平方式间隔放置，与之对应的线型 PSD 则按照与狭

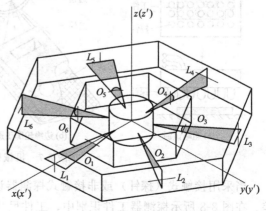

图 8-6　柔性腕力传感器的工作原理

缝相垂直的方式放置。6 个 LED 所发出的红外光通过其前端的狭缝形成 6 个光平面 O_i ($i=1,2,\cdots,6$)，与 6 个相应的线型 PSD L_i ($i=1,2,\cdots,6$) 形成 6 个交点。当内环相对于外环移动时，6 个交点在 PSD 上的位置发生变化，引起 PSD 的输出变化。根据 PSD 输出信号的变化，可以求得内环相对于外环的位置和姿态。内环的运动将引起连接弹簧的相应变形，考虑到弹簧的作用力与形变的线性关系，可以通过内环相对于外环的位置和姿态关系解算出内环上所受到的力和力矩的大小，从而完成柔性腕力传感器的位姿和力/力矩的同时测量。

8.4 工件识别传感器

工件识别（测量）的方法有接触识别、采样式测量、邻近探测、距离测量、机械视觉识别等。

① 接触识别。在一点或几点上接触以测量力，这种测量一般精度不高。

② 采样式测量。在一定范围内连续测量，比如测量某一目标的位置、方向和形状。在装配过程中的力和力矩的测量都可以采用这种方法，这些物理量的测量对于装配过程非常重要。

③ 邻近探测。邻近探测属非接触测量，测量附近的范围内是否有目标存在。一般安装在机器人的抓钳内侧，探测被抓的目标是否存在以及方向、位置是否正确。测量原理可以是气动的、声学的、电磁的和光学的。

④ 距离测量。距离测量也属非接触测量。测量某一目标到某一基准点的距离。例如，一只在抓钳内装的超声波传感器就可以进行这种测量。

⑤ 机械视觉识别。机械视觉识别方法可以测量某一目标相对于一基准点的位置方向和距离。

机械视觉识别如图 8-7 所示，图 8-7（a）为使用探针矩阵对工件进行粗略识别，图 8-7（b）为使用直线性测量传感器对工件进行边缘轮廓识别，图 8-7（c）为使用点传感技术对工件进行特定形状识别。

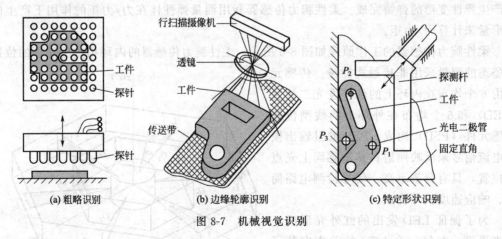

(a) 粗略识别   (b) 边缘轮廓识别   (c) 特定形状识别

图 8-7　机械视觉识别

当采用接触式（探针）或非接触式探测器识别工件时，存在与网栅的尺寸有关识别误差。在图 8-8 所示探测器工件识别中，工件尺寸 b 方向的识别误差为

$$\Delta E = t(1+n) - \left(b + \frac{d}{2}\right) \qquad (8\text{-}3)$$

式 (8-3) 中，b 为工件尺寸，mm；d 为光电二极管直径，mm；n 为工件覆盖的网栅节距数；t 为网栅尺寸，mm。

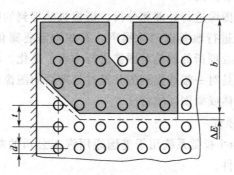

图 8-8　探测器工件识别

8.5　视觉传感系统

（1）视觉传感系统组成

装配过程中，机器人使用视觉传感系统可以解决零件平面测量、字符识别（文字、条码、符号等）、完善性检测、表面检测（裂纹、刻痕、纹理）和三维测量。类似人的视觉系统，机器人的视觉系统是通过图像和距离等传感器来获取环境对象的图像、颜色和距离等信息，然后传递给图像处理器，利用计算机从二维图像中理解和构造出三维世界的真实模型。

图 8-9 所示为机器人视觉传感系统的原理。摄像机获取环境对象的图像，经 A/D 转换器转换成数字量，从而变成数字化图形。通常一幅图像划分为 512×512 或者 256×256 个点，各点亮度用 8 位二进制表示，即可表示 256 个灰度。图像输入以后进行各种处理、识别以及理解，另外通过距离测定器得到距离信息，经过计算机处理得到物体的空间位置和方位；通过彩色滤光片得到颜色信息。上述信息经图像

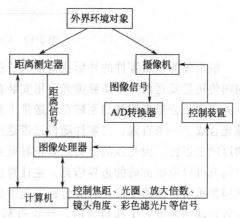

图 8-9　机器人视觉传感系统

处理器进行处理，提取特征，处理的结果再输出到机器人，以控制它进行动作。另外，作为机器人的眼睛不但要对所得到的图像进行静止处理，而且要积极地扩大视野，根据所观察的对象，改变眼睛的焦距和光圈。因此，机器人视觉系统还应具有调节焦距、光圈、放大倍数和摄像机角度的装置。

（2）图像处理过程

视觉系统首先要做的工作是摄入实物对象的图形，即解决摄像机的图像生成模型。包含两个方面的内容：一是摄像机的几何模型，即实物对象从三维景物空间转换到二维图像

空间，关键是确定转换的几何关系；二是摄像机的光学模型，即摄像机的图像灰度与景物间的关系。因图像的灰度是摄像机的光学特性、物体表面的反射特性、照明情况、景物中各物体的分布情况（产生重复反射照明）的综合结果，所以从摄入的图像分解出各因素在此过程中所起的作用是不容易的。

视觉系统要对摄入的图像进行处理和分析。摄像机捕捉到的图像不一定是图像分析程序可用的格式，有些需要进行改善以消除噪声，有些则需要简化，还有的需要增强、修改、分割和滤波等。图像处理指的就是对图像进行改善、简化、增强或者其他变换的程序和技术的总称。图像分析是对一幅捕捉到的并经过处理后的图像进行分析，从中提取图像信息，辨识或提取关于物体或周围环境特征。

（3）Consight-I视觉系统

图8-10所示Consight-I视觉系统用于美国通用汽车公司的制造装置中，能在噪声环境下利用视觉识别抓取工件。

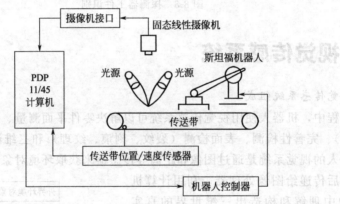

图8-10 Consight-I视觉系统

该系统为了从零件的外形获得准确、稳定的识别信息，巧妙地设置照明光，从倾斜方向向传送带发送两条窄条缝隙光，用安装在传送带上方的固态线性传感器摄取图像，而且预先把两条缝隙光调整到刚好在传送带上重合的位置。这样，当传送带上没有零件时，缝隙光合成了一条直线；当零件随传送带通过时，缝隙光变成两条线，其分开的距离同零件的厚度成正比。因光线的分离之处正好就是零件的边界，所以利用零件在传感器下通过的时间就可以取出准确的边界信息。主计算机可处理装在机器人工作位置上方的固态线性阵列摄像机所检测的工件，有关传送带速度的数据也送到计算机中处理。当工件从视觉系统位置移动到机器人工作位置时，计算机利用视觉和速度数据确定工件的位置、取向和形状，并把这种信息经接口送到机器人控制器。根据这种信息，工件仍在传送带上移动时，机器人便能成功地接近和拾取工件。

第**9**章

多传感器在焊接机器人中的应用

9.1 焊接机器人常用的传感器

焊接机器人所用的传感器要求精确地检测出焊口的位置和形状信息,然后传送给控制器进行处理。在焊接的过程中,存在着强烈的弧光、电磁干扰及高温辐射、烟尘等因素,并伴随着物理化学反应,工件会产生热变形,因此,焊接传感器也必须具有很强的抗干扰能力。

弧焊用传感器分为电弧式、接触式、非接触式;按用途分,有用于焊缝跟踪的和焊接条件控制的;按工作原理分为机械式、光纤式、光电式、机电式、光谱式等。据日本焊接技术学会所做的调查显示,在日本、欧洲及其他发达国家,用于焊接过程的传感器有80%是用于焊缝跟踪的。

下面主要介绍焊接机器人的电弧传感系统、超声传感跟踪系统和视觉传感跟踪系统。

9.2 电弧传感系统

(1) 摆动电弧传感器

摆动电弧传感器是从焊接电弧自身直接提取焊缝位置偏差信号,实时性好,不需要在焊枪上附加任何装置,焊枪运动的灵活性和可达性好,尤其符合焊接过程低成本、自动化的要求。

摆动电弧传感器的基本工作原理是:当电弧位置变化时,电弧自身电参数相应发生变化,从中反映出焊枪导电嘴至工件坡口表面距离的变化量,进而根据电弧的摆动形式及焊枪与工件的相对位置关系,推导出焊枪与焊缝间的相对位置偏差量。电参数的静态变化和动态变化都可以作为特征信号被提取出来,实现高低及水平两个方向的跟踪控制。

目前广泛采用测量焊接电流 I、电弧电压 U 和送丝速度 v 的方法来计算工件与焊丝之间的距离 H,$H = f(I, U, v)$,并应用模糊控制技术实现焊缝跟踪。摆动电弧传感器结构简单、响应速度快，主要适用于对称侧壁的坡口（如 V 形坡口），而对于那些无对称侧壁或根本就无侧壁的接头形式，如搭接接头、不开坡口的对接接头等形式，现有的摆动电弧传感器则不能识别。

（2）旋转电弧传感器

摆动电弧传感器的摆动频率一般只能达到 5Hz，限制了电弧传感器在高速和薄板搭接接头焊接中的应用。与摆动电弧传感器相比，旋转电弧传感器的高速旋转增加了焊枪位置偏差的检测灵敏度，极大地改善了跟踪的精度。

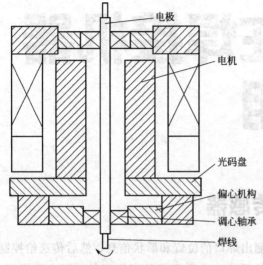

图 9-1　高速旋转扫描电弧传感器结构

高速旋转扫描电弧传感器结构如图 9-1 所示，采用空心轴电机直接驱动，在空心轴上通过同轴安装的同心轴承支承导电杆。在空心轴的下端偏心安装调心轴承，导电杆安装于该轴承内孔中，偏心量由滑块来调节。当电机转动时，下调心轴承将拨动导电杆作为圆锥母线绕电机轴线作公转，即圆锥摆动。气、水管线直接连接到下端，焊丝连接到导电杆的上端。电弧扫描测位传感器为递进式光电码盘，利用分度脉冲进行电机转速闭环控制。

在弧焊机器人的第六个关节上，安装一个焊炬夹持件，将原来的焊炬卸下，把高速旋转扫描电弧传感器安装在焊炬夹持件上。焊缝纠偏系统如图 9-2 所示，高速旋转扫描电弧传感器的安装姿态与原来的焊炬姿态一样，即焊丝端点的参考点的位置及角度保持不变。

（3）电弧传感器的信号处理

电弧传感器的信号处理主要采用极值比较法和积分差值法。在比较理想的条件下可得到满意的结果，但在非 V 形坡口及非射流过渡焊时，坡口识别能力差、信噪比低，应用遇到很大困难。为进一步扩大电弧传感器的应用范围、提高其可靠性，在建立传感器物理数学模型的基础上，利用数值仿真技术，采取空间变换，用特征谐波的向量作为偏差量的大小及方向的判据。

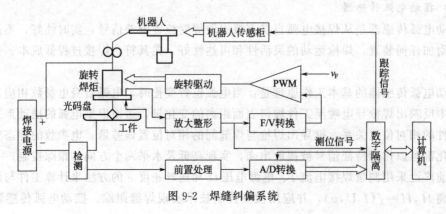

图 9-2　焊缝纠偏系统

9.3　超声传感跟踪系统

超声传感跟踪系统中使用的超声波传感器分两种类型：接触式超声波传感器和非接触式超声波传感器。

(1) 接触式超声波传感器

接触式超声波传感跟踪系统原理如图 9-3 所示，两个超声波探头置于焊缝两侧，距焊缝相等距离。两个超声波传感器同时发出具有相同性质的超声波，根据接收超声波的声程来控制焊接熔深；比较两个超声波的回波信号，确定焊缝的偏离方向和大小。

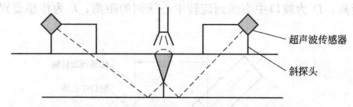

图 9-3　接触式超声波传感跟踪系统原理

(2) 非接触式超声波传感器

非接触超声波传感跟踪系统中使用的超声波传感器分聚焦式和非聚焦式，两种传感器的焊缝识别方法不同。聚焦超声波传感器是在焊缝上方进行左右扫描的方式检测焊缝，而非聚焦超声波传感器是在焊枪前方旋转的方式检测焊缝。

① 非聚焦超声波传感器　非聚焦超声波传感器要求焊接工件能在 45°方向反射回波信号，焊缝的偏差在超声波声束的覆盖范围内，适于 V 形坡口焊缝和搭接接头焊缝。图 9-4

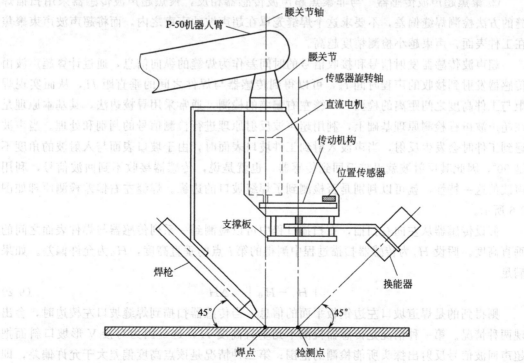

图 9-4　P-50 机器人焊缝跟踪装置

所示为 P-50 机器人焊缝跟踪装置,超声波传感器位于焊枪前方的焊缝上面,沿垂直于焊缝的轴线旋转,超声波传感器始终与工件成 45°角,旋转轴的中心线与超声波声束中心线交于工件表面。

焊缝偏差几何示意如图 9-5 所示,传感器的旋转轴位于焊枪正前方,代表焊枪的即时位置。超声波传感器在旋转过程中总有一个时刻超声波声束处于坡口的法线方向,此时传感器的回波信号最强,而且传感器和其旋转的中心轴线组成的平面恰好垂直于焊缝方向,焊缝的偏差可以表示为

$$\delta = r - \sqrt{(R-D)^2 - h^2} \tag{9-1}$$

式 (9-1) 中,δ 为焊缝偏差;r 为超声波传感器的旋转半径;R 为传感器检测到的探头和坡口间的距离;D 为坡口中心线到旋转中心线间的距离;h 为传感器到工件表面的垂直高度。

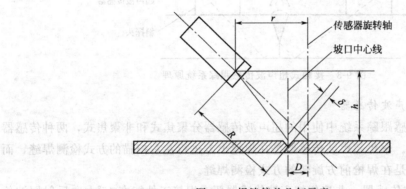

图 9-5 焊缝偏差几何示意

② 聚焦超声波传感器 与非聚焦超声波传感器相反,聚焦超声波传感器采用扫描焊缝的方法检测焊缝偏差,不要求这个焊缝笼罩在超声波的声束之内,而将超声波声束聚焦在工件表面,声束越小检测精度越高。

超声波传感器发射信号和接收信号的时间差作为焊缝的纵向信息,通过计算超声波由传感器发射到接收的声程时间 t_s,可以得到传感器与焊件之间的垂直距 H,从而实现焊炬与工件高度之间距离的检测。焊缝左右偏差的检测,通常采用寻棱边法,其基本原理是在超声波声程检测原理基础上,利用超声波反射原理进行检测信号的判别和处理。当声波遇到工件时会发生反射,当声波入射到工件坡口表面时,由于坡口表面与入射波的角度不是 90°,因此其反射波就很难返回到传感器,也就是说,传感器接收不到回波信号,利用声波的这一特性,就可以判别是否检测到了焊缝坡口的边缘。焊缝左右偏差检测原理如图 9-6 所示。

假设传感器从左向右扫描,在扫描过程中可以检测到一系列传感器与焊件表面之间的垂直高度。假设 H_i 为传感器扫描过程中测得的第 i 点的垂直高度,H_0 为允许偏差。如果满足

$$|H_i - H_0| < \Delta H \tag{9-2}$$

则得到的是焊道坡口左边钢板平面的信息。当传感器扫描到焊缝坡口左棱边时,会出现两种情况。第一种情况是传感器检测不到垂直高度 H,这是因为对接 V 形坡口斜面把超声回波信号反射出探头所能检测的范围;第二种情况是该点高度偏差大于允许偏差,即

$$|\Delta y| - |H - H_0| \geqslant \Delta H \tag{9-3}$$

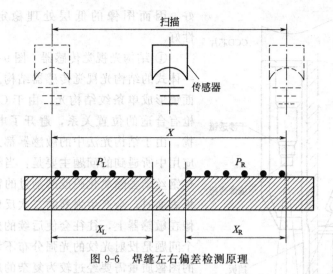

图 9-6 焊缝左右偏差检测原理

并且有连续 D 个点没有检测到垂直高度或是满足式（9-3），则说明检测到了焊道的左侧棱边。在此之前传感器在焊缝左侧共检测到 P_L 个超声回波。当传感器扫描到焊缝坡口右边工件表面时，超声波传感器又接收到回波信号或者检测高度的偏差满足式（9-3），并有连续 D 个检测点满足此要求，则说明传感器已检测到焊缝坡口右侧钢板。

$$|\Delta y| - |H_j - H_0| \leqslant \Delta H \tag{9-4}$$

式（9-4）中，H_j 为传感器扫描过程中测得的第 j 点的垂直高度。

当传感器扫描到右边终点时，采集到的右侧水平方向的检测点共 P_R 个。根据 P_L、P_R 即可算出焊炬的横向偏差方向及大小。控制、调节系统根据检测到的横向偏差的大小、方向进行纠偏调整。

9.4 视觉传感跟踪系统

在弧焊过程中，由于存在弧光、电弧热、飞溅以及烟雾等多种强烈的干扰，这是使用何种视觉传感方法首先需要解决的问题。在弧焊机器人中，根据使用的照明光的不同，可以把视觉方法分为"被动视觉"和"主动视觉"两种。这里被动视觉指利用弧光或普通光源和摄像机组成的系统，而主动视觉一般指使用具有特定结构的光源与摄像机组成的视觉传感系统。

（1）被动视觉

在大部分被动视觉方法中电弧本身就是监测位置，所以没有因热变形等因素所引起的超前检测误差，并且能够获取接头和熔池的大量信息，这对于焊接质量自适应控制非常有利。但是，直接观测法容易受到电弧的严重干扰，信息的真实性和准确性有待提高。它较难获取接头的三维信息，也不能用于埋弧焊。

（2）主动视觉

为了获取接头的三维轮廓，人们研究了基于三角测量原理的主动视觉方法。由于采用的光源的能量大都比电弧的能量要小，一般把这种传感器放在焊枪的前面以避开弧光直射的干扰。主动光源一般为单光面或多光面的激光或扫描的激光束，为简单起见，分别称为结构光法和激光扫描法。由于光源是可控的，所获取的图像受环境的干扰可滤掉，真实性

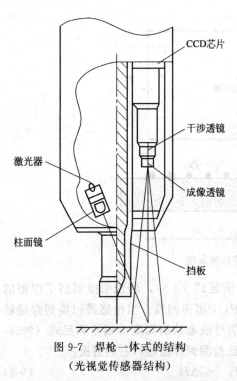

图 9-7 焊枪一体式的结构
（光视觉传感器结构）

好，因而图像的低层处理稳定、简单、实时性好。

① 结构光视觉传感器　图 9-7 所示为与焊枪一体式的结构光视觉传感器结构。激光束经过柱面镜形成单条纹结构光。由于 CCD 摄像机与焊枪有合适的位置关系，避开了电弧光直射的干扰。由于结构光法中的敏感器都是面型的，实际应用中所遇到的问题主要是：当结构光照射在经过钢丝刷去除氧化膜或磨削过的铝板或其他金属板表面时，会产生强烈的二次反射，这些光也成像在敏感器上，往往会使后续的处理失败。另一个问题是投射光纹的光强分布不均匀，由于获取的图像质量需要经过较为复杂的后续处理，精度也会降低。

② 激光扫描视觉传感器　同结构光方法相比，激光扫描方法中光束集中于一点，因而信噪比要大得多。目前用于激光扫描三角测量的敏感器主要有二维面型 PSD、线型 PSD 和 CCD。图 9-8 所示为面型 PSD 位置传感器与激光扫描器组成的接头跟踪传感器的原理结构。典型的采用激光扫描和 CCD 器件接收的视觉传感器结构原理如图 9-9 所示。它采用转镜进行扫描，扫描速度较高。通过测量电机的转角，增加了一维信息。它可以测量出接头的轮廓尺寸。

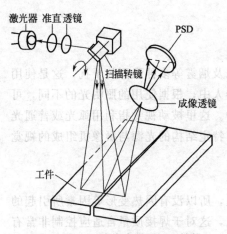

图 9-8　接头跟踪传感器的原理结构

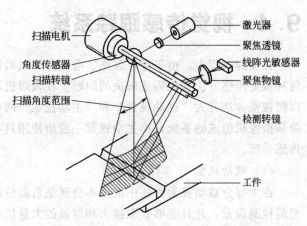

图 9-9　激光扫描和 CCD 器件接收的视觉传感器结构原理

在焊接自动化领域中，视觉传感器已成为获取信息的重要手段。在获取与焊接熔池有关的状态信息时，一般多采用单摄像机，这时图像信息是二维的。在检测接头位置和尺寸等三维信息时，一般采用激光扫描或结构光视觉方法，而激光扫描方法与现代 CCD 技术的结合代表了高性能主动视觉传感器的发展方向。

第10章

多传感器信息融合在移动机器人中的应用

10.1 概述

  移动机器人通常采用的传感器包括：里程计、光电码盘、罗盘、CCD 视觉传感器、超声传感器、激光传感器、红外接近觉传感器、雷达、红外摄像机和 GPS 定位系统等。这些传感器各有优缺点：里程计可测得距离信息，价格便宜，使用简单，得到的测量信息易于理解；但其扫描率低、角度分辨率差，受环境、被测表面材质及入射角的影响大。另外，超声易产生折射、多次反射，而引起测量中的幻影数据。激光传感器可测得距离信息，测量角度分辨率高、扫描率高，但价格昂贵，对透明体测量失效。CCD 视觉传感器获得的信息量丰富，但视觉信息处理复杂、难以快速理解。

  由于单一传感器获得的信息非常有限，它获得的往往是局部的、片面的环境特征信息。另外，单一传感器还受到自身品质、性能的影响，采集到的信息有时不完善，带有较大的不确定性，甚至偶尔是错误的。随着科学技术的发展，新型敏感材料和传感器不断涌现，传感器种类的增多、性能的提高，以及精巧的结构都促进了多传感器系统的发展。多传感器系统采集到的信息将大大增加，而这些信息在时间、空间、可信度、表达方式上不尽相同，侧重点和用途也不同，这对信息的处理提出了新的要求。

  多传感器信息融合是针对一个系统中使用多个或多类传感器问题而展开的一种信息处理方法。多传感器信息融合实际上是对人脑综合处理复杂问题的一种功能模拟。在多传感器系统中，各种传感器提供的信息可能具有不同的特征：时变的或者非时变的，实时的或者非实时的，快变的或者缓变的，模糊的或者确定的，精确的或者不完整的，可靠的或者非可靠的，相互支持的或互补的，也可能是相互矛盾或冲突的。多传感器信息融合的基本原理就像人脑综合处理信息的过程一样，它充分地利用多个传感器资源，通过对各种传感器及其观测信息的合理支配与使用，将各种传感器在空间和时间上的互补与冗余信息依据各种优化准则组合起来，产生对观测环境的一致性解释和描述。信息融合的目标是基于各传感器分离观测信息，通过对信息的优化组合导出更多的有效信息。这是最佳协同作用的结果，它的最终目的是利用多个传感器共同或联合操作的优势，来提高整个传感器系统的有效性。传感器之间的冗余数据增强了系统的可靠性，传感器之间的互补数据扩展了单个的性能。

移动机器人之所以能在部分未知或完全未知的环境中自主移动去完成分配的任务，是因为能够利用传感器感知外部环境，然后进行相应决策。使用多种不同的传感器可以获得环境的多种特征，包括局部的、间接的环境知识。一个高效的具有很强适应能力的多传感器信息融合系统是反映智能机器人智能水平的重要条件之一。如果说机器人的各种感知传感器是智能系统的硬件，那么多传感器信息融合技术就是智能系统得以高效运行的软件。

多传感器信息融合在移动机器人领域的应用主要涉及以下几个方面，其相互关系见图10-1。

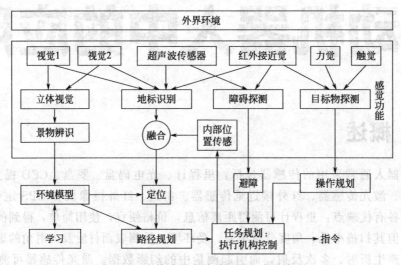

图10-1 多传感器在移动机器人中的应用

（1）环境建模

为提高机器人自主感知环境的能力，机器人应能利用传感器获得的外部信息建立环境模型。

（2）同时定位与地图构建

定位是确定移动机器人在二维环境中相对于全局坐标的位置和姿态，是移动机器人导航、路径规划和避障的基础。同时定位与地图构建（SLAM）是实现移动机器人自主性的重要问题，是近年来机器人领域研究的热点之一。它是指机器人在未知环境中，通过识别周围环境创建地图，并利用地图进行定位的一种方法。

（3）目标识别与避障

机器人要顺利地完成作业和避障，就要进行目标识别和障碍物检测。

（4）路径规划

根据环境模型进行全局或局部路径规划。

（5）导航与运动控制

导航是移动机器人的关键技术之一。将里程计的测量信息与其他传感器的测量信息相融合，以减少里程计的累积误差，提高导航精度，是移动机器人导航中常用的方法。

10.2 多传感器信息融合在移动机器人导航中的应用

(1) 导航系统中采用的传感器

对于自主移动机器人来说，就是通过各种传感器将环境中的一些非电能信号转化为电能信号，并对这些电能信号进行处理，然后由决策层做出规划，本例中的自主移动机器人搭载有里程计传感器、超声波传感器以及激光传感器。

① 里程计传感器 本例中采用的里程计传感器采用的是增量式光电编码器，它的优点是每个脉冲输出信号都有一个与之对应的增量位移，它的缺点是无法识别这个增量的位置。这种增量式光电编码器能够产生一组脉冲信号，这组脉冲信号与它的位移增量是等价的，通过提供一种对连续位移量离散化或增量化以及位移变化（速度）的传感方法，来获取相对于某个基准点的相对位置增量，不能够直接检测出轴的绝对位置信息。通常这种编码器输出 A、B 两相互差 90°角的脉冲信号（这组信号为一组正交信号），通过这组信号可以很容易地得到编码器的变化方向。同时码盘每旋转一周还会产生一个标志脉冲信号。这个标志脉冲信号通常用来指示机械位置或对积累量清零。增量式光电编码器主要由光源、码盘、检测光栅、光电检测器件和转换电路这几部分组成，如图 10-2 所示。

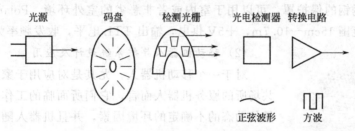

图 10-2 增量式光电编码器

② 激光传感器 在机器人技术领域，很多场合需要精确地感知机器人周围的环境，不仅是为了避开障碍物，更为了得到周围环境的精确信息，例如画出周围环境的平面电子地图，并由此确定机器人所处的位置。对于这类应用，超声波和红外测距传感器都难以胜任。超声波传感器主要有两点问题：一是距离有限，对于尺寸较大的环境无法探测到四周；二是由于多次反射带来串扰，会严重影响测量的精度。红外测距传感器的有效距离更是不足。这种情况下，激光扫描传感器是理想的传感器，其优点主要有测量范围广，扫描频率高，精度高。

图 10-3 给出的是 URG-04LX 型激光测距传感器实物图。它可以通过激光束扫描周围 240°的环境，并得到精确的测距点云。测距的角分辨率为 0.36°，扫描频率为 10Hz。其测距范围为 20mm～5m。扫描数据可用极坐标表示为：

$$u_n = (d_n, \rho_n)^T, \ n = 1, \cdots, N \qquad (10\text{-}1)$$

直角坐标表示为：

$$u_n = (x_n, y_n)^T, \ n = 1, \cdots, N \qquad (10\text{-}2)$$

其中 $x_n = d_n \cos\phi_n$，$y_n = d_n \sin\phi_n$，n 为扫描数据点

图 10-3 URG-04LX 型
激光传感器

个数。

③ 超声波传感器　超声波传感器是一种基于 TOF（time of flight），即脉冲飞行时间法的距离测量方法。其模型可以简化为在一个固定的波带开放角方位之内，传感器到某一物体的最短距离。其读数与机器人所在的环境及传感器的安装位置有关。环境中的传播介质，机器人自身的干扰和传感器本身的技术指标都是影响传感器工作性能的因素。超声波传感器声波的传播速度与当前环境中的介质、温度和湿度有关，在空气中传播的速度 c 为：

$$c = c_0\sqrt{1 + T/273} \qquad (10\text{-}3)$$

式中，c 的单位为 m/s，$c_0 = 331.4$m/s，T 为绝对温度。

超声波传感器由发射装置发射一组声波并由接收装置获取反射回来的声波，根据发射接收间的时间间隔以及声波在介质中的传播速度就能够得到超声波传感器与反射物之间的距离：

$$d = \frac{s}{2} = \frac{ct}{2} \qquad (10\text{-}4)$$

式中，d 为被测物与测距器的距离；s 为声波的来回路程；c 为声速；t 为声波来回所用的时间。

图 10-4 所示为 SensComp 公司生产的 Polaroid 6500 超声波传感器。它主要用于测距，检测周围环境的状况。该传感器已集成化，与 I/O 板的接口较为简单，操作容易，性能稳定，并有不锈钢的保护罩，可以用于室内或者非恶劣的室外环境。Polaroid 6500 具体参数为：探测范围 15cm～10.7m，+5V 供电，输出 TTL 电平，收发频率为 49.4kHz。

图 10-4　Polaroid 6500
超声波传感器

(2) 移动机器人导航系统设计及应用

对于一个移动机器人，尤其是对应用于家庭或者一些公共场所的服务机器人而言，它们所面临的工作环境充斥着大量的动态的不确定的环境因素，并且机器人随时都有可能根据环境的变化去完成相应的任务。因此机器人导航系统的设计和实现必须要将它们工作环境中的特殊因素考虑进去。机器人导航系统的设计是为了让机器人完成不同的任务，因此任务规划模块和导航系统的设计有密切的联系。

① 模块化软件设计　智能移动机器人中拥有大量的传感器节点和电机驱动器节点，同时要完成不少的功能。在设计阶段，如何对每个功能进行分解，确定正确的时间关系，分配空间资源等问题，都会对整个系统的稳定性造成直接影响。同时还应该保证系统具有一定的开放性，来确保系统可以在多种行业得到应用，并且能够满足技术更新、新算法验证和功能添加等要求。因此体系结构是整个机器人系统的基础，它决定着系统的整体功能性和稳定性，合理的体系结构设计是保证整个机器人系统高效运行和高可扩展性的关键所在。

为了满足移动机器人高效可靠运行的需要，必须满足下列条件。

a. 实时性。所谓"实时性"是指系统能够在一定时间内，快速地完成对整个事件的处理，并且完成对电机的控制。

b. 可靠性。所谓的"可靠性"是指系统能够在长时间内稳定运行，以及一旦发生故障后如何找到故障并解决故障的能力。因此，为了提高系统的可靠性，系统设计时应考虑在整个运行过程中，电机可能出现的如超速、堵转等一切非正常情况。

c. 模块化。因机器人本身的空间有限，所以我们对机器人控制系统的设计要尽可能地越小越好，越轻越好，并且将各个单元之间进行明确的分工，形成模块化系统，每个模块都保持着相对的独立性。

d. 开放性。另外，为了方便以后对控制系统进行改进和优化，并且满足系统多平台之间的移植，这就要求系统具有更高的开放性。同时系统需要具备良好的人机交互接口，满足多模态人机交互的需求。

设计的导航系统软件结构如图 10-5 所示，整个导航系统软件分为感知模块、环境建模模块、定位模块与规划模块四个部分。

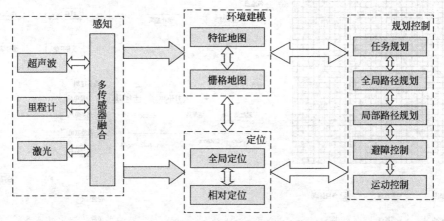

图 10-5　移动机器人导航系统软件结构

a. 感知模块　感知模块通过传感器采集板或者 USB 和串口将各个传感器的数据采集并且融合，生成环境建模模块和定位模块需要的数据，并将它们分别传递给对应的模块。

b. 环境建模模块　环境建模模块收到感知模块传递的数据，它需要将这些数据分别生成能够适合路径规划的栅格地图和适合定位的特征地图。

采用最小二乘法拟合直线，将得到的数据转化成机器人当前扫描到的局部特征地图，并对全局特征地图进行更新；同时将得到的地图栅格化，以便于进行路径规划。

c. 定位模块　对于典型的双轮差分驱动方式的移动机器人来说，采用里程计航位推算的方法对机器人的位姿进行累加，得到相对定位信息。然后通过对路标的特征匹配，来更正机器人的位姿。

d. 规划模块　规划模块按照功能不同可以分为全局路径规划子模块和局部路径规划子模块。

全局路径规划模块采用基于栅格地图的 A * 搜索算法，并通过 A * 搜索算法得到一条从起始点到目标点的最优路径。在全局路径规划中，只考虑如何得到这条最优路径，机器人如何沿着这条轨迹运动以及动态的实时避障问题将在局部路径规划模块中解决。因此，为了提高 A * 算法的效率，在全局地图范围已知的情况下，我们通过增加栅格粒度的大小来降低栅格的数量，从而降低了 A * 算法的搜索时间，提高了该算法的效率。在实验中，如果在全局路径规划中考虑机器人的运动轨迹以及动态避障，我们的栅格将会设为 10cm 或者更小。将机器人的运动轨迹以及动态避障问题放在局部路径规划中处理，这样就可以将栅格的大小设为 50cm，从而极大地降低了地图的存储空间以及算法的规划时间。

局部路径规划模块采用基于改进的人工势场法的路径规划方法。这种算法的优势在于它具有很好的实时性，非常适合在动态环境中的路径规划。但它的缺点也很明显，缺少全局信息的宏观指导，容易产生局部最小点。本文通过全局路径规划模块中 A * 算法规划出一条子目标节点序列，并将这条子目标节点序列作为局部路径规划的全局指导信息，来引导局部路径规划模块进行运动控制。这样就能避免人工势场法在路径规划中存在的缺陷，并且最终实现了在全局意义上最优的路径规划。

导航系统的软件界面如图 10-6 所示。

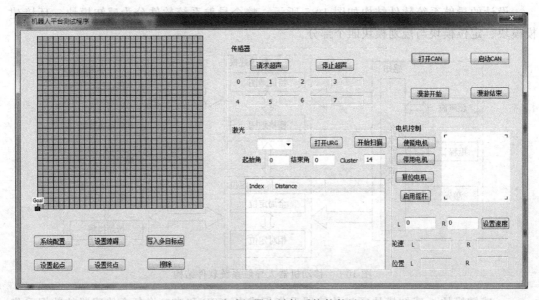

图 10-6　移动机器人导航系统软件界面

② 移动机器人导航系统在实际中的应用　在上述导航系统设计的基础上，开发了一种具有多目标点路径规划功能的移动机器人。多目标点路径规划功能实现的流程图如图 10-7 所示。

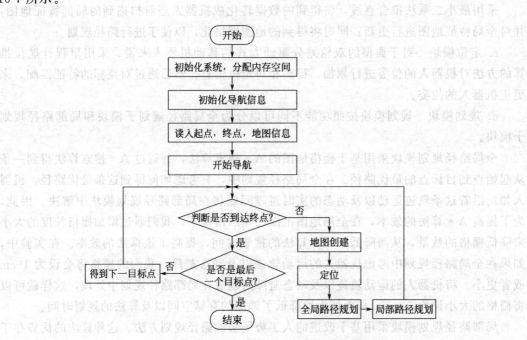

图 10-7　多目标点路径规划功能实现流程图

首先对导航系统进行初始化，并且为每个模块分配内存空间。然后将地图、起点以及一组目标点的信息导入系统中。从目标点数组中取出第一个目标点，按照上述导航系统控制机器人运动。当机器人到达目标的时候，判断当前目标点是否为最后一个目标点，如果是最后一个目标点，则导航任务能结束；否则，重复上述的过程，直到是最后一个目标点为止。

10.3　多传感器信息融合在移动机器人测距中的应用

（1）系统中采用的多传感器

以美国 Mobile Robots 公司生产的 Pioneer3-DX 型移动机器人为实验平台，进行多传感器融合的障碍物测距实验研究，主要利用该移动机器人的超声波传感器与视觉传感器。

① 超声波传感器　该移动机器人前后各有一个声呐环，每个声呐环含有 8 个换能器，声呐环中换能器的分布方式为：两侧各一个，另外 6 个以 $20°$ 间隔分布在前后侧边，其工作频率为 25Hz，探测范围为 15cm～5m。该移动机器人的超声传感器可以用于物体检测、距离检测和自动避障，定位以及导航等功能。

② 视觉传感器　该移动机器人的视觉传感器为 Cannon VC-C50i 摄像头，该摄像头具有 PTZ 摄像系统，即 Pan-移动镜头、Tilt-倾斜角度及 Zoom-变焦三种主要操控功能，最大显示分辨率为 640×480，信噪比大于 48dB，倾斜范围为 $-30°～90°$，26 倍光学变焦，拍摄远距离的景物清晰准确。夜摄模式，在光线为 0 情况下，通过红外线拍摄到黑白影像。摄像机拍到的图像数据可以送到车载计算机进行处理，也可以通过无线收发装置发送到用户计算机上进行处理。

（2）摄像机模型的建立

摄像机的成像模型共有两种：线性模型、非线性模型。线性模型的建立准则就是小孔成像模型。小孔成像模型以摄像机的光轴为路径，透过摄像机光轴中心点，目标物体将映射到成像平面上。

建立摄像机坐标系的目的是为了描述目标物体上的点与其像点的关系。在进行摄像机标定时，共建立三个坐标系：摄像机坐标系、图像坐标系、世界坐标系。

这三种坐标系之间的转换，可以通过数学表达式来描述。在转换过程中需要引入的参数，被称为摄像机的内外参数。

为了表述摄像机成像过程，首先要确定目标点与图像点在各个坐标系中的关系。

摄像机拍摄到的目标图像是模拟信号，此模拟信号经过数模转换，就变为了数字图像。计算机将这些数字图像以一个 $M×N$ 的矩阵形式存储。如图 10-8 所示，坐标系 u,v 表示以像素为单位的坐标系，u 代表列数，v 代表行数，(u,v) 即表示图像上某点的像素坐标。为了恢复图像在三维空间中的信息，必须使用实际距离单位表示该点位置，因此，需将像素坐标转换为距离坐标。如图 10-8 所示，图像坐标系为 xO_1y。

在 x，y 坐标系中，原点 O_1 被定义在摄像

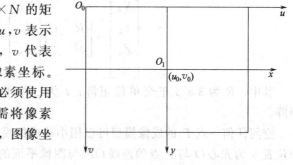

图 10-8　图像坐标系

机光心与图像平面的交点，该点位于图像中心处，设原点 O_1 的像素坐标为 (u_0, v_0)，dx 表示在 x 轴方向上每个像素点的长度，dy 表示 y 轴方向上每个像素点的长度，因此，目标物体上某点的像素坐标与图像坐标的关系可表示为：

$$u = x/dx + u_0 \tag{10-5}$$

$$v = y/dy + v_0 \tag{10-6}$$

令 $k_x = 1/dx$，$k_y = 1/dy$ 称 k_x、k_y 分别为沿 x、y 轴的尺度因子。

为方便起见，我们用齐次坐标与矩阵形式将式（10-5）、式（10-6）表示为

$$\begin{bmatrix} u \\ v \\ 1 \end{bmatrix} = \begin{bmatrix} 1/dx & 0 & u_0 \\ 0 & 1/dy & v_0 \\ 0 & 0 & 1 \end{bmatrix} \begin{bmatrix} x \\ y \\ 1 \end{bmatrix} \tag{10-7}$$

摄像机成像模型的几何关系可由图 10-9 表示，其中 O 点称为摄像机光心，X_c 轴和 Y_c 轴与图像的 x 轴与 y 轴平行，Z_c 轴为摄像机的光轴，它与图像平面是垂直的。光轴与图像平面的交点，设为图像坐标系的原点，由点 O 与 X_c、Y_c、Z_c 轴组成的直角坐标系称为摄像机坐标系。OO_1 为摄像机焦距。

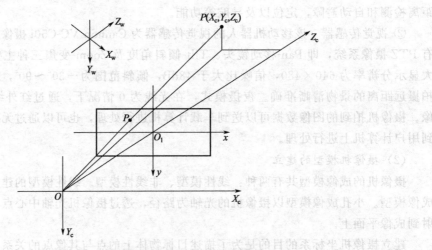

图 10-9　摄像机坐标系同世界坐标系的关系

由于摄像机放在哪里都可以，我们需要选择一个世界坐标系，用它来表示三维空间中物体相对于摄像机坐标系的位置，该坐标系称为世界坐标系。它由 X_w、Y_w、Z_w 轴组成。公式（10-8）表示了摄像机坐标系、世界坐标系之间的关系，R 代表旋转矩阵，t 表示平移向量。

$$\begin{bmatrix} X_c \\ Y_c \\ Z_c \\ 1 \end{bmatrix} = \begin{bmatrix} R & t \\ 0^T & 1 \end{bmatrix} \begin{bmatrix} X_w \\ Y_w \\ Z_w \\ 1 \end{bmatrix} = M_1 \begin{bmatrix} X_w \\ Y_w \\ Z_w \\ 1 \end{bmatrix} \tag{10-8}$$

其中，R 为 3×3 正交单位矩阵；t 为三维平移向量；$0 = (0,0,0)^T$；M_1 为 4×4 矩阵。

空间任何一点 P 的成像模型可以用小孔成像模型来描述，即任何点 P 在图像上的投影位置 p 为光心 O 与 P 点的连线 OP 与图像平面的交点。这种关系也称为透视投影。由比例关系有如下关系式：

$$x = fX_c/Z \tag{10-9}$$

$$y = fY_c/Z \tag{10-10}$$

其中，(x,y) 为 p 点的图像坐标；$(X_c，Y_c，Z_c)$ 为空间点 P 在摄像机下的坐标。用齐次坐标与矩阵表示上述透视投影关系：

$$Z_c\begin{bmatrix} x \\ y \\ 1 \end{bmatrix} = \begin{bmatrix} f & 0 & 0 & 0 \\ 0 & f & 0 & 0 \\ 0 & 0 & 1 & 0 \end{bmatrix}\begin{bmatrix} X_c \\ Y_c \\ Z_c \\ 1 \end{bmatrix} \tag{10-11}$$

将式（10-11）代入上式，得到世界坐标系中 P 点坐标与其投影点 $p(u,v)$ 的关系：

$$Z_c\begin{bmatrix} x \\ y \\ 1 \end{bmatrix} = \begin{bmatrix} 1/\mathrm{d}x & 0 & u_0 \\ 0 & 1/\mathrm{d}y & v_0 \\ 0 & 0 & 1 \end{bmatrix}\begin{bmatrix} f & 0 & 0 & 0 \\ 0 & f & 0 & 0 \\ 0 & 0 & 1 & 0 \\ 0 & 0 & 0 & 0 \end{bmatrix}\begin{bmatrix} R & t \\ 0^T & 1 \end{bmatrix}\begin{bmatrix} X_w \\ Y_w \\ Z_w \\ 1 \end{bmatrix} \tag{10-12}$$

其中，$f/\mathrm{d}x = k_x$，$f/\mathrm{d}y = k_y$；M 为 3×4 矩阵，称为投影矩阵；所以内参数模型可表示为：

$$M_{in} = \begin{bmatrix} k_x & 0 & u_0 \\ 0 & k_y & v_0 \\ 0 & 0 & 1 \end{bmatrix} \tag{10-13}$$

由于 k_x、k_y、u_0、v_0 只与摄像机内部结构有关，我们称这些参数为摄像机内部参数。矩阵

$$\begin{bmatrix} R & t \\ 0^T & 1 \end{bmatrix} \tag{10-14}$$

完全由摄像机相对世界坐标系的方位决定，称为摄像机外部参数，确定某一摄像机的内外参数，称为摄像机标定。

（3）摄像机标定

① 常见摄像机标定方法主要有以下几种。

a. 最优化算法　最优化算法一般是非线性的。此类方法的优点有：第一，在建立摄像机模型时，可以考虑较多因素，不必担心过于复杂；第二，如果标定精度要求很高，可以考虑用该算法。然而，这种方法也有一些不足：摄像机的初始值选取应适当，否则会得到错误结果。还有就是这种方法优化时间很长，实时性很差。

b. 变换矩阵标定法　该方法的特点是通过求解线性方程组的方法求得摄像机内外参数。又称隐参数标定，直接用一个矩阵表示三维空间点与二维像点之间的对应关系，显然这种方法最大优点就是速度快，因为它没有考虑中间的迭代过程。但是这种方法的缺点也很明显：其一，没有考虑非线性畸变对标定过程的影响，需要利用非线性优化算法来进行修正；其二，求解参数值的过程是线性求解，计算过程中没有考虑中间参数的约束关系，加之噪声的影响，最后的标定精度不高。

c. 双平面标定法　这类方法的特点是没有使用明确的摄像机模型，而是利用障碍物在环境中前后两个表面到图像上某点之间的连线。给定空间中的标定点、图像间的对应关系，每个图像上的点，在前后两个平面分别有对应点，来测量空间点到图像点的向量。这种方法的优点是：通过线性计算，即可得到内外参数，但因为方程数量多，所以计算

量大。

　　d. 摄像机自标定方法　不依赖于任何标定标靶，而是利用摄像机的运动，找到目标物体在各图像之间的关系，从而对摄像机进行标定，被称为摄像机自标定。它以相对运动为基础，因此，摄像机运动越精准，标定结果越精确。在实际应用中，产生摄像机位置的特定移动、镜头焦距的调节等因素，都必须重新进行标定。

　　e. 基于平面模板标定　张正友提出了一种经典的、基于平面模板的摄像机标定方法，其优点是标定模板制作简单，容易实现。

　　② 采用基于平面模板标定方法进行摄像机内外参数标定。在张正友的方法中，定义模板平面落在世界坐标系的 $Z=0$ 平面上，那么对平面上的每一点，有

$$s\begin{bmatrix} u \\ v \\ 1 \end{bmatrix}=A\,[r_1 \quad r_2 \quad r_3 \quad t]\begin{bmatrix} X \\ Y \\ 0 \\ 1 \end{bmatrix}=A\,[r_1 \quad r_2 \quad t]\begin{bmatrix} X \\ Y \\ 1 \end{bmatrix} \tag{10-15}$$

这里令 $M=[X \quad Y \quad 1]^{\mathrm{T}}$，$m=[u \quad v \quad 1]^{\mathrm{T}}$ 则

$$sm=HM \tag{10-16}$$

$$H=[h_1 \quad h_2 \quad h_3]=\lambda A\,[r_1 \quad r_2 \quad t]$$

式中　s——任意比例因子；

　　　　λ——任意标量；

　　　　A——摄像机内部参数矩阵，$A=\begin{bmatrix} \alpha & \gamma & u_0 \\ 0 & \beta & v_0 \\ 0 & 0 & 1 \end{bmatrix}$；

　　　　m——图像坐标；

　　r_1，r_2——旋转矩阵的两个列向量；

　　　　t——平移矩阵。

又因为 r_1 和 r_2 是单位正交向量，所以有

$$h_1^{\mathrm{T}}A^{-\mathrm{T}}A^{-1}h_2=0 \tag{10-17}$$

$$h_1^{\mathrm{T}}A^{-\mathrm{T}}A^{-1}h_1=h_2^{\mathrm{T}}A^{-\mathrm{T}}A^{-1}h_2 \tag{10-18}$$

令

$$B=A^{-\mathrm{T}}A^{-1}=\begin{bmatrix} B_{11} & B_{12} & B_{13} \\ B_{21} & B_{22} & B_{23} \\ B_{31} & B_{32} & B_{33} \end{bmatrix}$$

$$=\begin{bmatrix} \dfrac{1}{\alpha^2} & -\dfrac{\gamma}{\alpha^2\beta} & \dfrac{v_0\gamma-u_0\beta}{\alpha^2\beta} \\ -\dfrac{\gamma}{\alpha^2\beta} & \dfrac{\gamma^2}{\alpha^2\beta^2}+\dfrac{1}{\beta^2} & -\dfrac{\gamma(v_0\gamma-u_0\beta)}{\alpha^2\beta^2}-\dfrac{v_0}{\beta^2} \\ \dfrac{v_0\gamma-u_0\beta}{\alpha^2\beta} & -\dfrac{\gamma(v_0\gamma-u_0\beta)}{\alpha^2\beta^2}-\dfrac{v_0}{\beta^2} & \dfrac{(v_0\gamma-u_0\beta)^2}{\alpha^2\beta^2}+\dfrac{v_0^2}{\beta^2}+1 \end{bmatrix} \tag{10-19}$$

B 是一个对称矩阵，所以它可以由一个六维向量来定义，即

$$b=[B_{11} \quad B_{12} \quad B_{22} \quad B_{13} \quad B_{23} \quad B_{33}]^{\mathrm{T}} \tag{10-20}$$

令 H 的第 i 列向量为 $h_i=[h_{i1} \quad h_{i2} \quad h_{i3}]$，则

$$h_i^T B h_i = V_{ij}^T b \tag{10-21}$$

其中 $V_{ij} = [h_{i1}h_{j1} \quad h_{i1}h_{j2}+h_{i2}h_{j1} \quad h_{i2}h_{j2} \quad h_{31}h_{j1}+h_{i1}h_{j3} \quad h_{31}h_{j1}+h_{i3}h_{j3} \quad h_{i3}h_{j3}]^T$

内参数的两个约束写成关于 b 的两个方程为：

$$\begin{bmatrix} V_{12}^T \\ V_{11}^T - V_{22}^T \end{bmatrix} b = 0 \tag{10-22}$$

如果有 n 幅图像的话，把它们的方程式叠加起来，得到

$$Vb = 0 \tag{10-23}$$

如果 $n \geqslant 3$，就可以得到唯一解 b，即求出了矩阵 B，则获得了摄像机内部参数矩阵和外部参数矩阵。

在线性求解得到摄像机内外参数后，那么可建立评价函数

$$C = \sum_{i=1}^{n} \sum_{j=1}^{m} \| m_{ij} - m(A, R_i, t_i, M_j) \|^2 \tag{10-24}$$

其中 m_{ij} 是第 i 幅图像中的第 j 个像点，R_i 是第 i 幅图坐标系的旋转矩阵，t_i 是第 i 幅图坐标系的平移向量，M_j 是第 j 个点的空间坐标，使这个评价函数的值最小，即为最优解。

③ 标定过程及结果。选定张氏标定方法标定摄像机的内外部参数。借助 Matlab 仿真软件对摄像机参数进行标定并计算出结果。

a. 制作实验用标定模板。制作一个 8×8 黑白棋盘格，棋盘格的每个边长设定为 30mm，将该棋盘格粘贴在一个表面平整的平板上，作为实验使用的标定模板。

b. 利用移动机器人的前置摄像头拍摄 9 幅图像。为了提高标定精度，减小随机误差的大小，获取的图像应尽可能在视场各个范围内均匀分布，各个距离的标定图像都有，如图 10-10 所示。

图 10-10　标定模板

c. 抽取角点特征。后续程序在处理时，将第一个点取的角点设定为世界坐标系的原点并自动建立世界坐标系。

d. 应用标定程序计算内参数。当基于曲率空间的角点提取算法提取成功时，结果如

图 10-11 所示。默认像元两轴垂直。张氏标定利用角点之间的对应关系进行标定计算。摄像头在拍摄图像时使用 640×480 分辨率。被标定摄像头在 x 轴和 y 轴方向的焦距基本相等，但是图像中心点在图像坐标系中偏差较大，特别是 u 方向上，相差将近 8 个像素。摄像头的畸变参数整体较小，在精度要求不高的情况下，可予以忽略。

图 10-11　角点提取

外参数模型如图 10-12 所示。

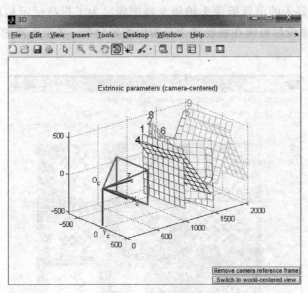

图 10-12　外参数模型图

图 10-13 表示各摄像机相对于模板的位置。

标定结果如下：

$$M_{in} = \begin{bmatrix} 506.624 & 0 & 319.760 \\ 0 & 507.613 & 228.419 \\ 0 & 0 & 1 \end{bmatrix}$$

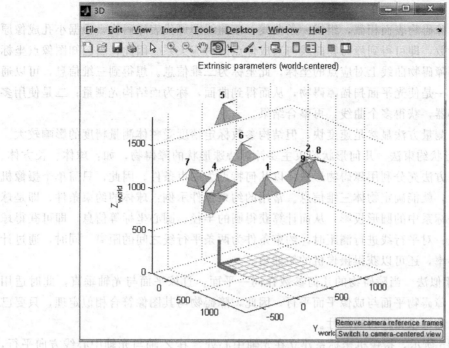

图 10-13　摄像机相对于模板的位置

$$M_{ex} = \begin{bmatrix} 0.0137 & 0.9993 & 0.0332 & -129.2315 \\ 0.9995 & -0.0146 & 0.0276 & -112.5706 \\ 0.0281 & 0.0328 & -0.9990 & 310.1993 \end{bmatrix}$$

其中 M_{in} 为内参数，M_{ex} 为外参数。

（4）基于单目视觉的测距方法

单目视觉测量是通过一台 CCD 摄像机获得障碍物图像信息，经过计算得到障碍物的距离信息。单目视觉的优点有很多：结构简单、价格低廉、无需立体匹配计算。单目视觉测量的方法主要有：几何光学法、结构光法、几何形状约束法、几何相似法等。

① 几何光学法　几何光学法可以分为：聚焦法、离焦法两种。

聚焦法是通过调整焦距，使障碍物处于聚焦位置，由成像模型公式可知，当焦距为已知时，可计算障碍物与摄像机之间的距离。聚焦法的缺点是计算速度慢、硬件复杂、成本高，如何测量精确的焦距位置也是难点。离焦法需先确定离焦模型，再计算障碍物与摄像机之间的距离，因而无需使摄像机保持在聚焦位置，离焦法不必确定精确焦距，但是离焦模型的确定比较困难。

② 结构光法　结构光法在利用图像信息的同时，也对可控光源进行了利用。该方法利用了可控光源与障碍物之间的几何关系。可控光源可以使用激光或白光，组成点、线、网等形状。光源照射到物体表面时，会产生光条纹，通过检测光条纹的形状与间断性，即可得到障

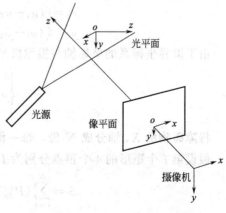

图 10-14　结构光测距法原理

碍物表面与摄像机之间的距离关系，图 10-14 为结构光测距法的原理图。

光平面与障碍物表面相截，组成一条曲线，该曲线即可代表障碍物，根据小孔成像原理及传感器参数，即可得到障碍物曲线与其成像点的对应关系。因此，当已知图像点坐标时，即可得到障碍物曲线上对应点的坐标，此坐标为二维信息。想得到三维信息，可以通过两种方法：一是使光平面扫描障碍物，从而得到曲面，称为面结构光测量；二是使用多个线形光传感器，获得多个曲线，再整合结果。

结构光法测量方法显然是速度快，但结构参数标定精度受整体测量精度的影响较大。

③ 几何形状约束法　几何形状约束主要针对特殊形状的障碍物，如：球体、长方体、平行线等。该方法充分利用障碍物形状，以几何特点为约束条件，因此，只需单个摄像机拍摄一张图片，就能确定物体三维信息。常用的约束条件示例：球体的约束条件，即是球体在摄像机坐标系中的圆形投影，从而计算获得圆的半径、圆心坐标等信息，即可获得球体的三维信息；对平行线进行测距时，约束条件为两条平行线之间的距离。同时，通过计算平行线的斜率，还可以获得摄像机的俯仰角。

④ 几何相似法　当障碍物的几何参数在同一平面，且该平面与光轴垂直，此时适用几何相似法，障碍物平面与成像平面平行，因此，障碍物与其图像符合相似定理，只要已知图像坐标，即可求得障碍物尺寸。

如图 10-15 所示，摄像机坐标系建立在光轴中心处，其 Z 轴与光轴中心线方向平行，以摄像机到障碍物的方向为正方向，其 X 轴方向取图像坐标沿水平增加的方向，在障碍物的质心处建立世界坐标系，其坐标轴与摄像机坐标系的坐标轴平行。

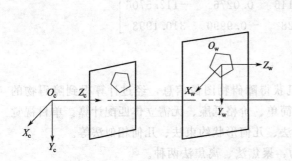

图 10-15　几何相似法测量原理

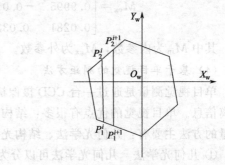

图 10-16　障碍物面积计算示意图

由内参模型可知

$$x_c = [(u_i - u_0)/k_x]z_c = (u_{di}/k_x)z_c \tag{10-25}$$

$$y_c = [(v_i - v_0)/k_y]z_c = (v_{di}/k_y)z_c \tag{10-26}$$

由于世界坐标系的坐标轴与摄像机坐标系的坐标轴平行，由外参模型可知：

$$\begin{cases} x_c = x_w + p_x \\ y_c = y_w + p_y \\ z_c = p_z \end{cases} \tag{10-27}$$

将障碍物沿 X_w 轴分成 N 份，每一份近似一个矩形，如图 10-16 所示。

假设第 i 个矩形的 4 个顶点分别为 P_1^i，P_2^i，P_1^{i+1}，P_2^{i+2}，则障碍物面积为

$$S = \sum_{i=1}^{N} (P_{2y}^i - P_{1y}^i)(P_{1x}^{i+1} - P_{1x}^i) \tag{10-28}$$

式中，P_{1x}^i 和 P_{1y}^i 分别为 P_1^i 在世界坐标系的 X_w 和 Y_w 轴的坐标；S 为障碍物的面积。

将式（10-25）～式（10-27）代入式（10-28）得

$$S = \Big[\sum_{i=1}^{N}(v_{d2}^{i} - v_{d1}^{i})(u_{d1}^{i+1} - u_{d1}^{i})\Big]p_z^2/k_x k_y = (S_1/k_x k_y)p_z^2 \tag{10-29}$$

式中，S_1 为障碍物在图像上的面积。由式（10-29）可以得到 p_z 的计算公式

$$p_z = \sqrt{k_x k_y S/S_1} \tag{10-30}$$

由此可计算特征点的世界坐标值，进而消除伪障碍。

（5）基于几何空间约束视觉测量方法

考虑了算法的复杂性、测距精确性、计算实时性等因素，采用几何约束方法对障碍物上的点进行视觉测距。

如图 10-17 所示为中心透视投影模型，以及其图像坐标系与世界坐标系之间的变换关系。

从图 10-17 中可以看出，射线 OP 上的点的投影点都可能是 p 点，因而无法确定具体的点。所以，已知图像二维信息，无法获得该图像在三维坐标系的位置。考虑世界坐标系中

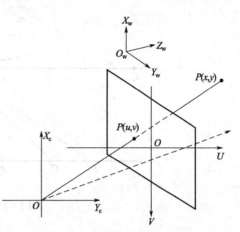

图 10-17　中心透视投影模型示意图

的平面与摄像机的光轴之间的约束关系，根据立体几何知识以及中心透视投影模型，世界坐标系中的一平面与其像平面的关系如图 10-18 所示。

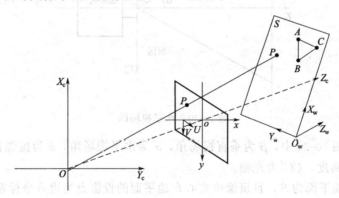

图 10-18　平面测距模型示意图

空间中的任意平面 S，世界坐标系建立在该平面上，则对于平面 S 上的点有

$$z_c\begin{bmatrix}u\\v\\1\end{bmatrix} = \begin{bmatrix}k_x & 0 & u_0 & 0\\0 & k_y & v_0 & 0\\0 & 0 & 1 & 0\end{bmatrix}\begin{bmatrix}R & t\\0^T & 1\end{bmatrix}\begin{bmatrix}X_w\\Y_w\\0\\1\end{bmatrix}$$

$$= M_1[r_1\quad r_2\quad r_3\quad T]\begin{bmatrix}X_w\\Y_w\\0\\1\end{bmatrix} = M_1[r_1\quad r_2\quad T]\begin{bmatrix}X_w\\Y_w\\1\end{bmatrix} = HP_w \tag{10-31}$$

如果已知投影矩阵 H，则可由图像坐标系中的坐标值求得该点的世界坐标值。

在获得了障碍物的角点之后，移动机器人的主要任务是测量这些角点的信息。在已知摄像机与地面之间的几何关系时，可简化计算过程，获得地面目标点在世界坐标系中的位置。图 10-19 为对地面上的目标点测距时的垂直视图，图 10-20 为其水平切面视图，图 10-21 为成像模型的立体几何透视图。

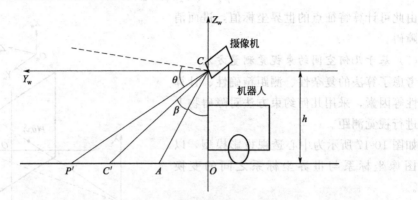

图 10-19　垂直视场图

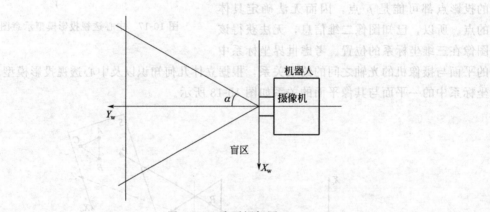

图 10-20　水平视场图

图 10-19 和图 10-20 中，β 为垂直视场角，α 为水平视场角，θ 为摄像机俯仰角，h 为摄像机距离地面高度，CC' 为光轴。

图 10-21 中地平面为 S，且摄像机光心在地平面的投影点为世界坐标系的原点；H 为成像平面；点 P 为障碍物与地平面交线上的点，图 10-22 是从图 10-21 中提取出的几何关系图。

确定点 P 的世界坐标系中的纵坐标 $Y(P)$，通过标定和计算得到：

$$CC_0 = f, \quad \angle OC_1C = \theta, \quad OC = h$$

① 根据图中几何关系可知，在 $\Delta C_0CP'$ 中，

$$\angle C_1CP' = \angle C_0CP'_0 = \arctan\frac{P'_0C_0}{CC_0} = \arctan\frac{P'_0C_0}{f}$$

又因为 $\angle OCC_1 = \dfrac{\pi}{2} - \angle OC_1C = \dfrac{\pi}{2} - \theta$

所以
$$\angle OCP' = \angle OCC_1 + \angle C_1CP' = \frac{\pi}{2} - \theta + \arctan\frac{P'_0C_0}{f} \tag{10-32}$$

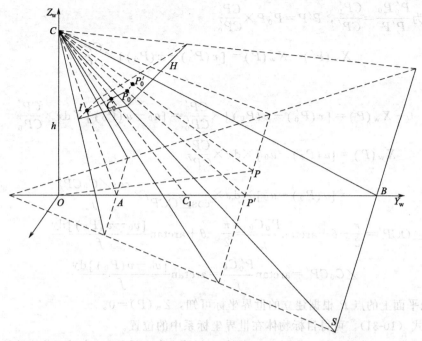

图 10-21　成像透视模型图

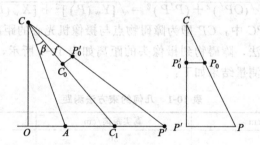

图 10-22　垂直剖面及侧面图

其中 $P_0'C_0 = y(C_0) - y(P_0') = [v_0 - v(P_0')]\mathrm{d}y = [v_0 - v(P_0)]\mathrm{d}y$

又因为在 $\Delta OCP'$ 中，$OP' = OC\tan\angle OCP'$，所以

$$Y_\mathrm{w}(P) = OP' = OC\tan\angle OCP' = h \times \tan\left(\frac{\pi}{2} - \theta + \arctan\frac{P_0'C_0}{f}\right)$$

$$= h \times \tan\left\{\frac{\pi}{2} - \theta + \arctan\frac{[v_0 - v(P_0)]\mathrm{d}y}{f}\right\} \qquad (10\text{-}33)$$

② 确定点 P 的在世界坐标系中的和坐标 X_w（P）的值。

在 $\Delta C_0CP'$ 中，$\angle C_1CP' = \arctan\dfrac{P_0'C_0}{f}$，所以

$$CP_0' = \frac{CC_0}{\cos\angle C_0CP_0'} = \frac{f}{\cos\angle C_0CP_0'} \qquad (10\text{-}34)$$

在 $\Delta OCP'$ 中，$\angle OCP' = \dfrac{\pi}{2} - \theta + \arctan\dfrac{P_0'C_0}{f}$，因此

$$CP' = \frac{OC}{\cos\angle OCP'} = \frac{h}{\cos\angle OCP'} \qquad (10\text{-}35)$$

又因为 $\dfrac{P_0'P_0}{P'P}=\dfrac{CP_0'}{CP'}$，$P'P=P_0'P\times\dfrac{CP'}{CP_0'}$

$$X_{\mathrm{w}}(P')-X_{\mathrm{w}}(P)=[x(P_0')-x(P_0)]\times\dfrac{CP'}{CP_0'} \tag{10-36}$$

所以

$$0-X_{\mathrm{w}}(P)=[x(P_0')-x(P_0)]\times\dfrac{CP'}{CP_0'}=[u_0-u(P_0)]\times\mathrm{d}x\times\dfrac{CP'}{CP_0'} \tag{10-37}$$

$$X_{\mathrm{w}}(P)=[u(P_0)-u_0]\times\mathrm{d}x\times\dfrac{CP'}{CP_0'}$$

$$=[u(P_0)-u_0]\times\mathrm{d}x\times\dfrac{h}{\cos\angle OCP'}\times\dfrac{\cos\angle C_0CP_0'}{f} \tag{10-38}$$

其中 $\angle OCP'=\dfrac{\pi}{2}-\theta+\arctan\dfrac{P_0'C_0}{f}=\dfrac{\pi}{2}-\theta+\arctan\dfrac{[v_0-v(P_0)]\mathrm{d}y}{f}$

$\angle C_0CP'=\arctan\dfrac{P_0'C_0}{f}=\arctan\dfrac{[v_0-v(P_0)]\mathrm{d}y}{f}$

③ 地平面上的点 P 根据建立的世界坐标可知，$Z_{\mathrm{w}}(P)=0$。

由公式（10-31），可得目标物体在世界坐标系中的位置。

④ 障碍物点距离的测量。由图 10-21 可知，机器人在水平方向上与障碍物直接的距离为

$$OP=\sqrt{(OP')^2+(P'P)^2}=\sqrt{[Y_{\mathrm{w}}(P)]^2+[X_{\mathrm{w}}(P)]^2} \tag{10-39}$$

在直角三角形 $\triangle OPC$ 中，CP 即为障碍物点与摄像机光心的距离。

根据几何空间约束法，障碍物到摄像头的距离如表 10-1 所示，实验中计算障碍物中心点到摄像头的距离，测量结果如下：

表 10-1　几何约束方法测距

几何约束法测距/cm	真实距离/cm	误差/%
33.398	30	11.3
59.278	60	1.3
88.467	90	1.7
121.156	120	0.9
150.834	150	0.57

从表 10-1 中结果来看，通过几何约束法进行测距，可以得到障碍物的距离，但由于在计算过程中存在误差，因而使得测量结果与实际距离有一定误差。

（6）视觉与超声传感器信息融合

① 自适应加权融合算法　加权融合算法与神经网络等智能算法相比较，无需训练样本，因而计算过程直接、简单。只要已知传感器的测量数据，就可以依据本算法的均方差公式求得最优估计值。当传感器测量结果是常数时，本算法的精度更高。

当 n 个传感器共同测量同一个目标时，如图 10-23 所示，不同的传感器，其加权因子也各不相同。自适应加权融合算法的基本思想是：根据

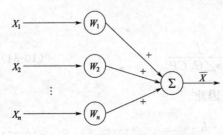

图 10-23　加权融合算法示意图

传感器的测量值，寻找均方误差最小的加权因子，从而以自适应方式求得最优融合解。

设有 n 个传感器，它们的方差为 σ_i^2 $(i=1,2,\cdots,n)$；被测物体的真实值为 x，各传感器的测量值分别为 $x_i(i=1,2,\cdots,n)$，这些测量值相互独立，都是 x 的无偏估计；各传感器的加权因子记为 $w_i(i=1,2,\cdots,n)$，则融合后的值 $\hat{x}$ 为：

$$\hat{x}=\sum_{i=1}^{n}w_ix_i \tag{10-40}$$

各加权因子满足：

$$\sum_{i=1}^{n}w_i=1 \tag{10-41}$$

总均方差为：

$$\sigma^2=E[(x-\hat{x})]=E\Big[\sum_{i=1}^{n}w_i^2(x-x_i)^2+2\sum_{i=1,\,j=1,\,j\neq i}^{n}w_iw_j(x-x_i)(x-x_j)\Big] \tag{10-42}$$

因为 $x_i(i=1,2,\cdots,n)$，它们彼此相互独立，并且为是 x 的无偏估计，所以

$$\sigma^2=E\,|\,(x-\hat{x})^2\,|=\sum_{i=1}^{n}w_i^2\sigma_i^2 \tag{10-43}$$

从式（10-42）可以看出，总均方差 σ^2 是关于各加权因子的多元二次函数，因此 σ^2 必然存在最小值。该最小值的求取是加权因子 $w_i(i=1,2,\cdots,n)$ 满足式（10-43）约束条件的多元函数极值求取。

根据多元函数求极值理论，可求出总均方误差最小时所对应的加权因子为

$$w_i^*=\frac{1}{\sigma_i^2\displaystyle\sum_{j=1}^{n}\frac{1}{\sigma_j^2}}(i=1,\ 2,\ \cdots,\ n) \tag{10-44}$$

则均方误差最小值可表示为：

$$\sigma_{\min}^2=\frac{1}{\displaystyle\sum_{i=1}^{n}\frac{1}{\sigma_j^2}}\ \ (i=1,\ 2,\ \cdots,\ n) \tag{10-45}$$

上述计算过程为在某一时刻，对传感器的测量值进行最优求解。

在运用自适应加权融合算法时，需对真实值 x 进行实时估计，因此，令 $k(k=1,2,\cdots,n)$ 表示当前采样时刻，则融合值可表示为：

$$\hat{x}(k)=\sum_{i=1}^{n}\omega_i(k)x_i(k) \tag{10-46}$$

其中 $w_i(k)$ 表示采样时刻 k 时第 i 个传感器的加权系数；$x_i(k)$ 表示采样时刻 k 时第 i 个传感器的测量值；$\hat{x}(k)$ 则为 k 采样时刻时传感器的加权融合结果。

由此可知，自适应加权融合算法的基本步骤为：

a. 计算方差 σ_i^2；

b. 计算加权因子 $w_i(k)$；

c. 计算融合值 $\hat{x}(k)$。

② 方差的自适应求解方法　传感器的测量方差是一个随影响因素的变化而变化的量。

对某个传感器而言，测量方差在传感器测量过程中始终存在。由式（10-44）可知，最优加权因子 w_i^* 的值取决于各个传感器的方差 σ_i^2（$i=1,2,\cdots,n$），由于 σ_i^2 并不是已知量，因此，需根据各传感器的测量值计算出相应的 σ_i^2。

设存在两个不同的传感器 i、j，其测量值分别为 x_i、x_j，观测误差分别为 v_i、v_j，即 $x_i=x+v_i$；$x_j=x+v_j$，则传感器 i，j 的方差分别为：

$$\sigma_i^2=E\left[v_i^2\right]；\quad \sigma_j^2=E\left[v_j^2\right] \tag{10-47}$$

因为 v_i、v_j 互不相关，且均值为零，与 x 也不相关，故 x_i、x_j 的互协方差 R_{ij} 可表示为：

$$R_{ij}=E\left[x_ix_j\right]=E\left[x^2\right] \tag{10-48}$$

x_i 的自协方差 R_{ii} 表示为：

$$R_{ii}=E\left[x_ix_i\right]=E\left[x^2\right]+E\left[v_i^2\right] \tag{10-49}$$

设传感器测量数据的个数为 k，R_{ii} 的估计值为 $R_{ii}(k)$，R_{ij} 的估计值为 $R_{ij}(k)$，则

$$R_{ii}(k)=\frac{1}{k}\sum_{i=1}^{k}x_i(l)x_i(l)$$

$$=\frac{k-1}{k}R_{ii}(k-1)+\frac{1}{k}x_i(k)x_i(k) \tag{10-50}$$

同理，

$$R_{ij}(k)=\frac{k-1}{k}R_{ij}(k-1)+\frac{1}{k}x_i(k)x_j(k) \tag{10-51}$$

如果传感器 j 与传感器 i 做相关运算，则可以得到 $R_{ij}(k)$ 值。因而对于 R_{ij} 可进一步用 $R_{ij}(k)$ 的均值 $R_i(k)$ 来做它的估计，即：

$$R_{ij}(k)=R_i(k)=\frac{1}{n-1}\sum_{j=1,\,j\neq i}^{n}R_{ij}(k) \tag{10-52}$$

由此，我们可以估计出第 k 时刻各个传感器的方差为：

$$\sigma_i^2(k)=R_{ii}(k)-R_i(k)=R_{ii}(k)-\frac{1}{n-1}\sum_{j=1,\,j\neq i}^{n}R_{ij}(k) \tag{10-53}$$

写成递推公式为：

$$\begin{cases}\sigma_i^2(k)=\dfrac{k-1}{k}\sigma_i^2(k-1)+\dfrac{1}{k}\sigma_i^2(k) & k=1,2\cdots\\ \sigma_i^2(0)=0\end{cases} \tag{10-54}$$

由此可见，这种方法对测量值进行合理利用，从而使测量方差更加精确。

③ 融合结果与分析　利用自适应加权融合算法，将 Pioneer3-DX 移动机器人的前声呐传感器采集的距离信息和通过前置摄像头所采集的图像计算求得的距离信息进行优化计算，融合结果如表 10-2 所示。

表 10-2　融合结果

真实值/cm	30	60	90	120	150
$x_1(k)$	33.398	59.278	88.467	121.156	150.834
$x_2(k)$	31.290	60.665	91.834	119.590	149.776
$\sigma_1^2(k)$	70.403	82.219	297.869	189.730	159.582

续表

真实值/cm	30	60	90	120	150
$\sigma_2^2(k)$	65.960	84.142	309.205	187.278	158.463
$w_1(k)$	0.4837	0.5058	0.5093	0.4967	0.4982
$w_2(k)$	0.5163	0.4942	0.4907	0.5033	0.5018
$\hat{x}(k)$	30.3096	59.9634	90.1192	119.867	150.303

表中 $x_1(k)$ 为视觉传感器测量值，$x_2(k)$ 为超声传感器测量值，$\sigma_1^2(k)$ 为视觉传感器的测量方差估计值，$\sigma_2^2(k)$ 为超声传感器的测量方差估计值，$w_1(k)$ 为视觉传感器加权系数，$w_2(k)$ 为超声传感器加权系数，$\hat{x}(k)$ 为自适应加权融合结果。

由表 10-2 可以看出，经过自适应加权融合后，测量误差明显降低，使其离真实值更近，有效地提高了测量精度。

10.4 多传感器信息融合在移动机器人避障中的应用

（1）具有障碍物的环境类型

通常机器人运行空间中具有障碍物的环境类型分为以下 8 种情况，如图 10-24 所示。

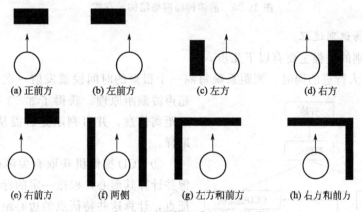

(a) 正前方　(b) 左前方　(c) 左方　(d) 右方

(e) 右前方　(f) 两侧　(g) 左方和前方　(h) 右方和前方

图 10-24　移动机器人感知的环境类型

（2）多传感器在移动机器人上的布置

摄像机安装在移动机器人的上方，获取障碍物的三维图像。超声波传感器组安装在移动机器人的前方（摄像机的正下方），获取障碍物与移动机器人之间的距离信息，如图 10-25 所示。

（3）基于神经网络方法的多传感器信息融合

利用神经网络方法进行视觉和超声波传感器信息融合，并输出到下一级，识别出障碍物的类型，这样使移动机器人在不确定的环境中行走时能够避障，提高其导航能力。

这里使用 BP 前馈神经网络进行融合。构成前馈网络的各神经元接受前一级输入，并输出到下一级，

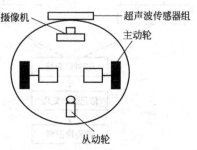

图 10-25　多传感器布置图

摄像机　超声波传感器组　主动轮　从动轮

157

无反馈，可用一个有向无环图表示。图的节点分为两类，即输入节点与计算单元。每个计算单元可有任意个输入，但只有一个输出，而输出可耦合到任意多个其他节点的输入。前馈网络通常分为不同的层，第 i 层的输入只与第 $i-1$ 层的输出相连，这里认为输入节点为第一层。因此，所谓具有单层计算单元的网络实际上是一个两层网络。输入和输出节点由于可与外界相连，直接受环境影响，称为可见层，而其他的中间层则成为隐层，如图 10-26 所示。

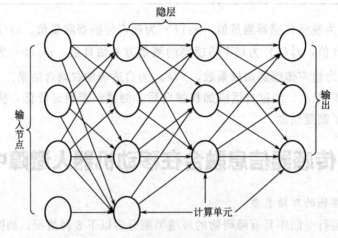

图 10-26　前馈神经网络结构示意图

（4）障碍物识别过程

障碍物识别的过程主要要有以下几步。

① 在机器人行进的同时，测距系统每隔一个很短的时间段就发射一次超声波。根据超声波测距原理，获得了 3×3 个有关障碍物的距离信息，并可判断是否需从 CCD 摄像机取样。

② CCD 摄像机获取有关障碍物的二维图像并计算其形心，根据一定的标准抽取 8 个特征点，计算这些特征点的边心距。

③ 被取样的二维图像划分为 3×3 个区域，而超声波阵列的安排使这些区域可估算出它们在摄像机坐标系中的相应位置。根据 8 个特征点与这些区域的位置关系，也可方便地估算出这些特征点与摄像机坐标系原点的距离。

④ 特征点的边心距及其距离信息首先被归一化，然后合成为一个输入矢量送入神经网络进行融合，以识别障碍物的类型。流程图如图 10-27 所示。

（5）机器人避开障碍物的主要步骤

① 在机器人行进的同时，测距系统每隔一个很短的时间进行一次环境探测，根据超声

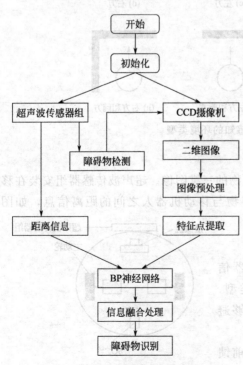

图 10-27　障碍物识别流程图

波传感器获得的有关障碍物的距离信息，判断移动机器人是否需要减速，以及是否需要从 CCD 摄像机取样。

② 当测距系统探测到障碍物距移动机器人的距离为中等时，降低机器人的速度；当障碍物距移动机器人的距离为近时，从 CCD 摄像机获取有关障碍物的二维图像，并提取其左右边缘的坐标。

③ 将超声波传感器和 CCD 摄像机获得的有关障碍物的信息进行分组及预处理，送入 BP 神经网络控制器进行融合。

④ 预先经过避障知识学习的 BP 神经网络控制器根据外部多传感器采集的信息，作出相应的避障决策，避开障碍物。

（6）仿真实验研究

在仿真实验中，神经网络的输入节点 17 个，输出节点 4 个，隐层节点 16 个，要识别的障碍物有球体、长方体、圆柱体、梯形体。当移动机器人移动时，超声波发射器每隔一个固定的时间段就发射一次超声波。当移动机器人进行到适当的位置时，采样就开始了。在取样过程中，小车绕着障碍物转，每隔 10°取样一次。神经网络用这些训练数据来进行离线训练。在测试中，设计的两组测试数据来验证系统的有效性。仿真中用到的这些数据集如表 10-3 所示。避障仿真结果如图 10-28 所示。实验结果表明，多传感器信息融合能够实现移动机器人的有效避障。

表 10-3　障碍物类型

障碍物	训练集	测试集 A	测试集 B
梯形体	侧边边长＝0.3m 上边边长＝0.2m 下边边长＝0.4m，每 10°采集	侧边边长＝0.3m 上边边长＝0.2m 下边边长＝0.4m，每 15°采集	侧边边长＝0.4m 上边边长＝0.3m 下边边长＝0.5m，每 20°采集
长方体	长＝0.8m 宽＝0.4m 高＝0.6m，每 10°采集	长＝0.8m 宽＝0.4m 高＝0.6m，每 15°采集	长＝0.8m 宽＝0.4m 高＝0.6m，每 20°采集
圆柱体	高＝0.6m 直径＝0.2m，每 10°采集	高＝0.6m 直径＝0.2m，每 25°采集	高＝0.4m 直径＝0.2m，每 20°采集
球体	直径＝0.2m，每 10°采集	直径＝0.2m，每 25°采集	直径＝0.3m，每 20°采集

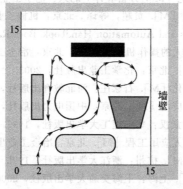

图 10-28　机器人避障仿真图

参考文献

[1] 程德福，王君．传感器原理及应用 [M]．北京：机械工业出版社，2016．

[2] 俞阿龙，李正．传感器原理及其应用 [M]．南京：南京大学出版社，2010．

[3] 谭民．先进机器人控制 [M]．北京：高等教育出版社，2007．

[4] 蔡自兴．机器人学 [M]．北京：清华大学出版社，2009．

[5] 孙迪生，王炎．机器人控制技术 [M]．北京：机械工业出版社，1998．

[6] 张毅．移动机器人技术及其应用 [M]．北京：电子工业出版社，2007．

[7] 王耀南．机器人智能控制工程 [M]．北京：科学出版社，2004．

[8] 郭彤颖，安冬．机器人学及其智能控制 [M]．北京：清华大学出版社，2014．

[9] 朱世强．机器人技术及其应用 [M]．杭州：浙江大学出版社，2000．．

[10] 郭洪红．工业机器人技术 [M]．西安：西安电子科技大学出版社，2006．

[11] 日本机器人学会．新版机器人技术手册 [M]．宗光华等译．北京：科学出版社，2008．

[12] 刘君华．智能传感器系统 [M]．西安：西安电子科技大学出版社，2010．

[13] 敖志刚．智能家庭网络及其控制技术 [M]．北京：人民邮电出版社，2011．

[14] 罗志增，蒋静坪．机器人感觉与多信息融合 [M]．北京：机械工业出版社，2002．

[15] 董永贵．传感技术与系统 [M]．北京：清华大学出版社，2006．

[16] 杨万海．多传感器数据融合及其应用 [M]．西安：西安电子科技大学出版社，2004．

[17] 何金田，成连庆．传感器技术（上册）[M]．哈尔滨：哈尔滨工业大学出版社，2005．

[18] 徐甲强，张全法．传感器技术（下册）[M]．哈尔滨：哈尔滨工业大学出版社，2005．

[19] 张少军．无线传感器网络技术及应用 [M]．北京：中国电力出版社，2009．

[20] 陈建元．传感器技术 [M]．北京：机械工业出版社，2008．

[21] 郭彤颖．机器人系统设计及应用 [M]．北京：化学工业出版社，2016．

[22] 司兴涛．多传感器信息融合技术及其在移动机器人方面的应用 [D]．淄博：山东理工大学硕士论文，2009．

[23] 沙占友．集成化智能传感器原理与应用 [M]．北京：电子工业出版社，2004．

[24] 傅京逊．机器人学 [M]．北京：科学出版社，1989．

[25] 熊有伦．机器人学 [M]．武汉：华中理工大学出版社，1996．

[26] 大熊繁．机器人控制 [M]．卢伯英译．北京：科学出版社，2002．

[27] 白井良明．机器人工程 [M]．王棣棠译．北京：科学出版社，2001．

[28] 高国富．机器人传感器及其应用 [M]．北京：化学工业出版社，2004．

[29] 柳洪义，宋伟刚．机器人技术基础 [M]．北京：冶金工业出版社，2002．

[30] Saeed B. Niku．机器人学导论 [M]．孙富春译．北京：电子工业出版社，2004．

[31] John J. Craig．机器人学导论 [M]．负超，等译．北京：机械工业出版社，2005．

[32] Thomas R. Kurfess. Robotics and Automation Handbook. Boca Raton：CRC Press，2005．

[33] 马香峰，余达太．工业机器人的操作机设计 [M]．北京：冶金工业出版社，1996．

[34] 殷际英．关节型机器人 [M]．北京：化学工业出版社，2003．

[35] 蒋新松．机器人与工业自动化 [M]．石家庄：河北教育出版社，2003．

[36] 王东署．工业机器人技术与应用 [M]．北京：中国电力出版社，2016．

[37] 吴振彪．工业机器人 [M]．武汉：华中理工大学出版社，1997．

[38] 余达太，马香峰．工业机器人应用工程 [M]．北京：冶金工业出版社，1999．

[39] 诸静．机器人与控制技术 [M]．杭州：浙江大学出版社，1991．

[40] 杨汝清．智能控制工程 [M]．上海：上海交通大学出版社，2000．

[41] 肖南峰．工业机器人 [M]．北京：机械工业出版社，2011．

[42] 陈黄祥．智能机器人 [M]．北京：化学工业出版社，2012．

[43] 杨洗陈．激光加工机器人技术及工业应用 [J]．中国激光，2009，36 (11)：2780-2798．

[44] 董欣胜. 装配机器人的现状与发展趋势 [J]. 组合机床与自动化加工技术, 2007 (8): 1-4.

[45] 孙春艳, 曲道奎. 机器人代替人工是产业升级方向 [J]. 中外管理, 2014 (2): 104.

[46] 徐方, 邹凤山, 郑春晖. 新松机器人产业发展及应用 [J]. 机器人技术及应用, 2011 (5): 14-18.

[47] 林仕高. 搬运机器人笛卡儿空间轨迹规划研究 [D]. 广州: 华南理工大学, 2013.

[48] 赵伟. 基于激光跟踪测量的机器人定位精度提高技术研究 [D]. 杭州: 浙江大学, 2013.

[49] 王曙光. 移动机器人原理与设计 [M]. 北京: 人民邮电出版社, 2013.

[50] 彭柳, 方彦军. 基于无线传感网络的移动机器人通信研究 [J]. 通信技术, 2008, 41 (2): 108-110.

[51] Asif M, Khan M J, Cai N. Adaptive sliding mode dynamic controller with integrator in the loop for nonholonomic wheeled mobile robot trajectory tracking [J]. International Journal of Control, 2014, 87 (5): 964-975.

[52] Mao Y, Zhang H. Exponential stability and robust H-infinity control of a class of discrete-time switched non-linear systems with time-varying delays via T-S fuzzy model [J]. International Journal of Systems Science, 2014, 45 (5): 1112-1127.

[53] Zhang L, Ke W, Ye Q, et al. A novel laser vision sensor for weld line, detection on wall-climbing robot [J]. Optics and Laser Technology, 2014, 60: 69-79.

[54] Luo R C, Lai C C. Multisensor fusion-based concurrent environment mapping and moving object detection for intelligent service robotics [J]. IEEE Transactions ON Industrial Electronics. 2014, 61 (8): 4043-4051.

[55] Blazic S. On periodic control laws for mobile robots [J]. IEEE Transactions on Industrial Electronics, 2014, 61 (7): 3660-3670.

[56] Xu J, Guo Z, Lee T H. Design and implementation of integral sliding-mode control on an underactuated two-wheeled mobile robot [J]. IEEE Transactions on Industrial Electronicso, 2014, 61 (7): 3671-3681.

[57] Lee J, Chang P H, Jr. Jamisola R S. Relative impedance control for dual-arm robots performing asymmetric bimanual tasks [J]. IEEE Transactions on Industrial Electronics, 2014, 61 (7): 3786-3796.

[58] Dinham M, Fang G. Detection of fillet weld joints using an adaptive line growing algorithm for robotic arc welding [J]. Robotics and Computer-Integrated Manufacturing, 2014, 30 (3): 229-243.

[44] 李俊霖. 适用机器人的阅读导航系统研究 [J]. 制造业自动化. 机电工程技术. 2007 (8): 1-4.

[45] 孙宏图, 曲义远. 用履人大学工业机器人发展方向 [J]. 上海机器报, 2011 (2): 1-4.

[46] 李宏, 张晓华, 张永兵. 智能焊接机器人系统发展与应用 [J]. 机械设备及未来应用, 2011 (7): 11-13.

[47] 林宝梅. 服务型机器人在生产中的应用及规划研究 [D]. 广州: 华南理工大学, 2013.

[48] 程栋. 基于深度视觉的移动机器人定位及跟踪研究与实现 [D]. 郑州: 郑州大学, 2013

[49] 张晓光. 移动机器人轨迹跟踪控制 [M]. 北京: 化学工业出版社, 2013

[50] 张春燕, 方光彦. 基于方格标记识别的移动机器人定位研究 [J]. 测控技术, 2008, 41 (2): 107-110.

[51] Asif M, Khan M J, Cai N. Adaptive sliding mode dynamic controller with integrator in the loop for nonholonomic wheeled mobile robot trajectory tracking [J]. International Journal of Control, 2011, 87 (5): 964-975.

[52] Mao Y, Zhang H. Exponential stability and robust H-infinity control of a class of discrete-time switched nonlinear systems with time-varying delays via T-S fuzzy model [J]. International Journal of Systems Science, 2014, 45 (5): 1112-1127.

[53] Zhang J, Ke W, Yu Q, et al. A novel laser vision sensor for weld line detection on wall-climbing robot [J]. Optics and Laser Technology, 2014, 60: 69-79.

[54] Luo R C, Lai C C. Multisensor fusion-based concurrent environment mapping and moving object detection for intelligent service robotics [J]. IEEE Transactions ON Industrial Electronics, 2014, 61 (8): 4043-4051.

[55] Blazic S. On periodic control laws for mobile robots [J]. IEEE Transactions on Industrial Electronics, 2011, 61 (7): 3660-3670.

[56] Xu J, Guo Z, Lee T H. Design and implementation of integral sliding-mode control on an underactuated two-wheeled mobile robot [J]. IEEE Transactions on Industrial Electronics, 2014, 61 (7): 3671-3681.

[57] Lee J, Chang P H, Jin Jamisola R S. Relative impedance control for dual-arm robots performing asymmetric bimanual tasks [J]. IEEE Transactions on Industrial Electronics, 2014, 61 (7): 3786-3796.

[58] Dinham M, Fang G. Detection of fillet weld joints using an adaptive line growing algorithm for robot arc welding [J]. Robotics and Computer Integrated Manufacturing, 2014, 30 (3): 229-243.